Retórica do Design Gráfico

Blucher

Coleção Pensando o Design
Coordenação
Marcos Braga

Retórica do Design Gráfico

Da prática à teoria

Licinio de Almeida Junior
Vera Lúcia Nojima

Retórica do design gráfico: da prática à teoria
2010 © Licinio Nascimento de Almeida Junior
Vera Lúcia Moreira dos Santos Nojima
Editora Edgard Blücher Ltda.

Blucher

Publisher Edgard Blücher
Editor Eduardo Blücher
Editora de desenvolvimento Rosemeire Carlos Pinto
Diagramação Know-how Editorial
Preparação de originais Eugênia Pessotti
Revisão de provas Thiago Carlos dos Santos
Capa Lara Vollmer
Projeto gráfico Priscila Lena Farias

Rua Pedroso Alvarenga, 1245 – 4° andar
04531-012 – São Paulo, SP – Brasil
Tel.: (55_11) 3078-5366
editora@blucher.com.br
www.blucher.com.br

Segundo Novo Acordo Ortográfico, conforme 5. ed. do *Vocabulário Ortográfico da Língua Portuguesa*, Academia Brasileira de Letras, março de 2009.

Ficha Catalográfica

Almeida Junior, Licinio Nascimento de
Retórica do design gráfico: da prática à teoria / Licinio Nascimento de Almeida Junior; Vera Lúcia Moreira dos Santos Nojima; Coleção Pensando o Design, Marcos Braga, coordenador -- São Paulo: Blucher, 2010.

Bibliografia

1. Comunicação visual 2. Design gráfico 3. Design (Teoria) 4. Linguagem 5. Retórica 6. Semiótica I. Almeida Junior, Licinio Nascimento de II Nojima, Vera Lucia Moreira dos Santos. III. Braga, Marcos. IV. Título.

10-10414 CDD-741.6

Índices para catálogo sistemático:
1. Design gráfico 741.6

Uma contribuição à busca por uma Teoria do Design

O presente volume é uma revisão crítica de parte da Tese de Doutorado *Conjecturas para uma Retórica do Design Gráfico* de Licinio Almeida Junior defendida em 2009, no programa de Pós-graduação em Design da Pontifícia Universidade Católica do Rio de Janeiro, PUC-Rio, sob a orientação da Professora Vera Lucia Nojima. Os estudos filosóficos, artísticos, tecnológicos e culturais do modo de ser das linguagens do Design constituem o eixo temático fundamental do Núcleo de Estudos Design–Linguagens–Transversalidade, vinculado à linha de pesquisa *Design: Comunicação, Cultura e Artes* do Programa de Pós-graduação em Design da Pontifícia Universidade Católica do Rio de Janeiro (PUC-Rio), sob o qual este livro foi elaborado.

Muito se tem discutido quanto à possibilidade de se identificar especificidades do campo do Design como campo de conhecimento que leve a delimitar uma natureza própria diante do caráter inter e multidisciplinar do Design. Variados caminhos foram e estão sendo trilhados para se chegar a essa possibilidade. Na área do produto, muitos pesquisadores tentam, por meio do estudo e das reflexões a respeito da(s) natureza(s) do objeto, oferecer contribuições de outros campos de conhecimento ou de ciências estabelecidas que abordam aspectos sociológicos, semióticos, históricos, antropológicos etc.

No terreno do gráfico, os caminhos ainda são incipientes, visto que a visualidade, em muitas frentes, tem suas reflexões mais amadurecidas no campo das artes e no campo dos meios de comunicação. A visualidade no campo dos produtos gráficos da comunicação industrial e de massas ainda é um conhecimento em construção.

Almeida Junior e Nojima dão uma importante contribuição ao entenderem o Design Gráfico como linguagem e, adotando a noção de que toda linguagem possui uma retórica, ao pressuporem a existência de uma retórica inerente à natureza do Design Gráfico. Retórica entendida como Ciência da Argumentação.

Desenvolvido a partir de uma pesquisa qualitativa, o texto traz, no delineamento conceitual do Design – uma área líquida, portanto abrangente e permeável – a reflexão e o estudo sobre o papel do Design como campo de conhecimento. Envolve o Design (produto), enquanto fenômeno de linguagem e instrumento de discurso, em uma tríplice abordagem constituída pela Semiótica, implícita em toda e qualquer manifestação da linguagem, pela Retórica, como a arte de persuadir pelo discurso, e pela transversalidade, expressa na (re)integração das diversas dimensões dos saberes humanos.

A argumentação e a persuasão na linguagem visual do Design Gráfico são estudadas como forma de se chegar a postulados teóricos que balizem a existência de uma Retórica do Design Gráfico. Desse modo, a pesquisa contribui não só para as discussões sobre a possibilidade de uma Teoria do Design, mas também para a construção de conhecimento sobre uma Retórica da Imagem.

Marcos Braga

São Paulo, 2010

Aos meus pais, Licinio Nascimento de Almeida
e Nilza Benedita Xavier de Almeida.
Licinio de Almeida Junior

À Aurora Moreira dos Santos, minha mãe.
Vera Lúcia Nojima

Aos designers, retores do nosso cotidiano,
por uma Teoria do Design.

Agradecimentos

À Pontifícia Universidade Católica do Rio de Janeiro, PUC-Rio, que tão generosamente oferece aos professores e alunos caminhos viáveis para a construção do conhecimento.

Ao amigo e professor Homero dos Santos, pelas preciosas lições sobre Língua Portuguesa e pelo incansável estímulo voltado ao meu desenvolvimento profissional e acadêmico.

Licinio de Almeida Junior

À professora Maria Ignez de Oliveira Guimarães, por ter propiciado a fundamentação inicial, básica na minha vida acadêmica.

Vera Lúcia Nojima

Conteúdo

No panorama da cultura científica contemporânea, todas as áreas de conhecimento se rotacionam de modo transdisciplinar, e assim distinguem-se ciência e produção de conhecimento, altera-se o edifício científico a cada investida cognitiva que, nesse movimento, desconstrói a verdade e destrói a certeza e a crença (FERRARA *in* LOPES, 2003, *p.61*).

Design/Design Gráfico: sua retórica

1

O entendimento do Design[1] como campo do conhecimento é tarefa complexa. As definições e conceituações que lhe são atribuídas permanecem muito limitadas ao exercício de uma "arte aplicada". Ao ser empregado como um atributo de qualidade estabelecedor de diferencial de valor entre os produtos, o Design tem a esfera de seu campo restringida, o que não raro se evidencia no senso comum.

Se, por um lado, qualifica-se o Design como uma referência da identidade de uma geração e de um tempo, por outro, esta designação apresenta sérias exigências quanto à representação das ocorrências que se refletem na sua prática. Enquanto atividade projetual resultante da rápida mudança do comportamento social humano e da evolução da tecnologia, o Design amplia sua dimensão de possibilidades para o consumo globalizado.

Tomados como ferramenta fundamental para o alcance dos objetivos de um sistema global, considerando-se o poder do alcance midiático, o comportamento e as respectivas características de produtos e serviços do Design merecem ser estudados em seus pormenores.

Assim, o Design se realiza como manifestação de linguagem que opera nas várias interfaces entre usuários e produto, com o reconhecimento da apreensão dos modos pelos os quais aqueles interagem com este (cf. NOJIMA in COELHO, 2006, p. 123). As modalidades produtivas do Design podem ser vistas como "fenômeno de linguagem, no qual se encontram e atritam a arquitetura, a cidade, o desenho industrial de objetos, o design gráfico, a comunicação e a programação visual [...]" (FERRARA, 2002, p. 7).

O discurso do Design faz parte de um processo orquestrado por diversos interesses. Mas, afinal, em pleno o século XXI, que processo é esse? Em que cenário está mergulhada a relação entre propagação de ideias, mitificação de produtos e serviços, e busca da felicidade por meio do consumo?

1 Adotou-se grafar Design com inicial maiúscula quando o termo estiver se referindo ao âmbito de uma área do conhecimento, de uma teoria, de um campo do saber. O mesmo se aplica ao termo Design Gráfico, como sendo uma das partes desse âmbito. Grafa-se design com inicial minúscula quando o termo estiver assumindo, por exemplo, acepções que correspondam às ideias de projeto, desenho, forma/formato, configuração estética/plástica etc. Todavia, em citações, a inicial do termo respeitou a grafia original do texto da obra.

Tem-se ciência de que a inter-relação entre os produtos gerados pelo Design e o discurso veiculado sobre eles permite dar existência a um ambiente profícuo à prática persuasiva do "controle social", que se concretiza nas linguagens. É ainda importante e essencial que essas inter-relações sejam vistas e estudadas em suas especificidades e sob as mais diversas hipóteses, a fim de que possam ser configurados subsídios teóricos e metodológicos para o campo do Design. Portanto, "a práxis, atividade projetiva, teleológica,[2] antecipadora de objetivos, fundada sobre opções, necessita da teoria. E nada lhe assegura que ela venha a ter, no nível de que carece, a teoria pela qual anseia" (KONDER, 2002, p. 264).

Assim, a práxis do Design se baseia em empreendimentos destinados a finalidades específicas que, de certa forma, se antecipam a arcabouços conceituais, a um *corpus* teórico. Essa práxis carece de embasamentos teóricos que lhe garantam fundamentação, uma teoria que busque aportes metodológicos, que desenvolva análises críticas e reflexivas, que circunscreva ou identifique o delineamento científico de interfaces com outras áreas do conhecimento.

O entendimento do Design assenta-se no raciocínio de uma amplitude transversal e transdisciplinar. Dialoga, por exemplo, com a Semiótica para o entendimento fenomenológico das dimensões semânticas, sintáticas e pragmáticas dos produtos; com a Engenharia e a Ergonomia, para originar sistemas tecnológicos; com o Marketing e a Psicologia, para estudar o mercado. A ação do Design é fluida. Permeia e "costura" as mais variadas áreas, atividades e disciplinas. Daí, a tentativa de determinar a esse campo do conhecimento uma definição unidimensional faculta a constituição de um equívoco, já que esbarra em sua própria natureza.

Direcionar aspectos conceituais à sua atividade tem sido buscado desde a institucionalização da Bauhaus [1919-1933], quando foi proposta a sistematização dos elementos definidores dos processos de comunicação visual. "Wassily Kandinsky propunha a criação de um 'dicionário de elementos' e de uma 'gramática visual universal' no livro didático *Ponto e linha sobre plano*" (LUPTON. In: LUPTON; PHILLIPS, 2008, p. 8).

Uma provável teoria do Design deve necessariamente se edificar a partir da exploração e explicação de um conjunto de fenômenos que permitam compreender e determinar sua natureza. O ponto de partida, então, recai justamente na amplitude de sua atuação, considerando os aspectos culturais, sociológicos, antropológicos, filosóficos, históricos e, sobretudo,

2 Teleológica: refere-se à teleologia. Teleologia: "(do gr. telos: fim, finalidade, e logos: teoria, ciência). Termo empregado por Christian Wolff para designar a ciência que estuda os fins, a finalidade das coisas, constituindo, assim, seu sentido, em oposição à consideração de suas causas ou de sua origem. Concepção segundo a qual certos fenômenos ou certos tipos de comportamento não podem ser entendidos por apelo simplesmente a causas anteriores, mas são determinados pelos fins ou propósitos a que se destinam" (JAPIASSÚ; MARCONDES, 1996, p. 258).

comunicacionais. Todo esse espectro se manifesta nas mais diversas formas da expressão humana, sejam artísticas ou meramente tecnicistas, lineares ou hipertextuais, analógicas ou digitais, impressas ou multimídias, manuais ou eletrônicas, bi ou tridimensionais.

O Design tende, dessa forma, a ser observado como uma atividade criativa cujo objetivo é estabelecer qualidades multifacetadas de objetos, processos, serviços e sistemas, conforme seus respectivos ciclos de vida.

No Design, encontra-se uma relação semiótica entre a construção da linguagem dos produtos projetados e os processos de significação. Os fundamentos da Semiótica possibilitam verificar os processos da construção, produção e compreensão dos enunciados expressos por sinais perceptíveis, chamados signos. Projetos e pesquisas em Design não podem ignorar a interação usuário/produto nem a apreensão das formas dessa relação.

O sucesso da ação do designer está diretamente vinculado à materialização de suas ideias em produtos que, pelas possibilidades de uso, geram significação. Essa manifestação semiótica confere a comunicabilidade exigida e desejada à construção dos significados e, consequentemente, à apreensão dos efeitos que esses produtos possam produzir. Nesse sentido, as modalidades produtivas do Design Gráfico são consolidadas pela manipulação de imagens verbais e não verbais. A concretização perceptível e decifrável dessas imagens pressupõe a efetivação de uma semiose que cria enunciações.

O Design Gráfico, como uma tradicional especialidade do campo de atuação do Design, constitui o recorte analítico para uma reflexão sobre a contribuição da Retórica[3] para uma Teoria do Design. Com base na obra de Chaïm Perelman e Lucie Olbrechts-Tyteca, Tratado da argumentação: a nova retórica,[4] ficam aqui evidenciados o reconhecimento e a pertinência da imbricação entre Design Gráfico e Retórica, por meio da análise de seis projetos gráficos de capas das principais revistas noticiosas brasileiras (*Época*, *IstoÉ* e *Veja*).

A afirmação acerca de o Design Gráfico constituir uma tipologia de linguagem, trazer uma face gramatical e um conjunto vocabular em constante formação, colabora com a abertura de um grande leque exploratório para pesquisa. Como um acontecimento de linguagem, os mais diversos discursos dos produtos resultantes dos processos do Design modelam e orientam, retificam e reorientam a paisagem cultural da vida cotidiana. E, ao qualificar especialmente o Design Gráfico como uma espécie de linguagem, assevera-se que, num sentido

3 Adotou-se grafar Retórica com inicial maiúscula quando o termo se referir ao objeto de pesquisa voltado ao delineamento e/ou à consolidação de uma teoria própria, que inclusive resguarda todo um arcabouço histórico dentro da Cultura e da Filosofia ocidentais. O termo também é grafado com inicial maiúscula quando à Retórica são incorporadas especificidades, sejam, por exemplo, filosóficas, estéticas, culturais ou linguísticas, tais como: Retórica Aristotélica, Retórica Perelmaniana, Retórica da Imagem, Retórica do Design, Retórica do Design Gráfico. O termo é grafado com inicial minúscula quando se referir a uma ideia de qualidade, de ferramental persuasivo, de instrumento para análise, como em retórica judicial, arte retórica, técnica retórica, atividade retórica, figura de retórica, termo retórica, tema retórica. Todavia, em citações, a inicial do verbete respeitou a grafia original do texto da obra.

4 O título original da obra é *Traité de l'argumentation, la nouvelle rhétorique*, publicado por Presses Universitaires de France em 1958 (REBOUL, 2004, p. 88).

amplo, sua aplicação se dá por meio de signos voltados à comunicação humana, representados nos mais diversos suportes passíveis dos processos gráficos de reprodução. Nessa linha, a abordagem reflexiva, orientada pela manifestação da linguagem, abre caminho ao estudo de características que permitem reconhecer, em uma composição gráfica, a potência criativa, persuasiva e argumentativa do Design Gráfico: sua Retórica.

O tema **retórica** tem sido debatido sob os mais variados aspectos, desde a Antiguidade. Ao fazer uma imersão no tecido teórico que engloba Retórica, nota-se que, de acordo com a época vivida, suas implicações sofreram diferentes abordagens, de ataques a elogios, do repúdio à veneração.

Um exemplo é a afirmação nietzscheana de que não há linguagem sem retórica. A Retórica é um aperfeiçoamento dos artifícios já presentes na linguagem, que em si é a resultante de "artes puramente retóricas" (NIETZSCHE [1844-1900], 1995, p. 44).

Uma discussão acerca da existência de um grau retórico zero está proposta na obra *Metáfora viva*, de Paul Ricoeur. Questiona-se qual seria a linguagem não marcada pelo ponto de vista retórico, sendo o primeiro passo reconhecer que ela não é encontrável, uma vez que não existe linguagem neutra (cf. RICOEUR, 2005, p. 215). Da mesma forma, não existe imagem neutra, até porque Jacques Aumont (2002, p. 254), garante que "em grande parte, a retórica da imagem continua por fazer".

Ora, se não há linguagem sem Retórica, se o Design Gráfico é linguagem, cuja matéria-prima é a imagem, e se há uma Retórica da Imagem em franca construção, afirmar a existência de uma Retórica do Design Gráfico, com o intuito de dimensionar seu alcance e suas implicações, é tarefa inquietante, desafiadora, num terreno polissêmico, impreciso ou até mesmo, por que não dizer, enigmático e sedutor.

Destarte, consagra-se à Retórica do Design Gráfico uma nova envergadura para sua ação. É a de um ferramental indutor e catalisador dos discursos produzidos e projetados pela atividade do Design Gráfico, apresentando, nos capítulos a seguir, uma abordagem prática e reflexiva, embasada pela análise de uma seleção de imagens de capas das principais revistas noticiosas, publicadas pela mídia de massa brasileira no ano de 2006. Trata-se da apresentação de parte de uma pesquisa qualitativa, metodologicamente fundamentada na Tese de Doutorado *Conjecturas para uma Retórica do Design [Gráfico]* (ALMEIDA JUNIOR, 2009).

A Retórica nas capas de revistas

2

Na seleção de matérias de capa para a pesquisa mencionada, adotou-se como diretriz, levantar o tipo de assunto mais abordado nas três revistas e a personagem focada com maior frequência. As evidências incidiram sobre o assunto política e no enfoque do presidente Luiz Inácio Lula da Silva. Foram encontradas 49 matérias de capa sobre o assunto política: nove de *Época* (editora Globo); 19 de *IstoÉ* (editora Três) e 21 de *Veja* (editora Abril) – o que totaliza quase 32% de todas as capas desses periódicos publicadas no ano de 2006.[5] Nesse cenário, foi o presidente Lula a personagem de maior figuração, tendo aparecido 20 vezes, quase 13% da publicação total das três revistas, com a ocorrência de cinco vezes em *Época*, sete em *Veja* e oito em *IstoÉ*.[6]

O ano de 2006 foi movimentado por fatos de corrupção no Governo; **mensalões**;[7] crises de ética nos partidos políticos, em especial o Partido dos Trabalhadores (PT). E, sobretudo, um ano em que a esperança do povo brasileiro ia sendo renovada com as eleições presidenciais e a Copa do Mundo de Futebol.

A análise tomou como amostra as capas das revistas em que a imagem do presidente Lula figurava como matéria principal de publicação. Estava constatada uma coincidência. Essa amostra suscitou, e ainda suscita, pelo menos duas questões relevantes. A primeira é sobre o processo de eleição presidencial, desvelando uma narrativa da História do Brasil: desde a concorrência entre os presidenciáveis (em especial, Geraldo Alckmin, do Partido da Social Democracia Brasileira [PSDB] até a confirmação da reeleição de Lula, do Partido dos Trabalhadores [PT]). A segunda questão se refere a acontecimentos de corrupção na política nacional, e de como tais situações foram e são associadas à imagem do presidente.

Centrada na descoberta e na descrição de balizamentos teóricos que pudessem delinear uma Retórica própria do Design Gráfico, foi desenvolvida a análise de mensagens visuais únicas e fixas. Tais imagens são apresentadas como suporte das matérias principais das capas dessas revistas referentes ao processo eleitoral. A capa de revista noticiosa é um produto

5 Durante o ano de 2006, foram publicadas, ao todo, 156 capas das revistas *Época*, *IstoÉ* e *Veja* – 52 edições de *Época* (edições 398 a 449), 53 de *Veja* (edições 1938 a 1989) e 51 de *IstoÉ* (edições 1890 a 1940). Observa-se que, para a pesquisa, edições especiais como, por exemplo, a série Platinum da revista *IstoÉ* e edições regionais, como as da revista *Veja*, popularmente conhecidas como *Vejinhas*, não foram contabilizadas e consideradas para o recorte analítico em questão.

6 Ressalte-se que "Lula" é citado em diversas outras capas durante o ano de 2006, como, por exemplo, nas edições 1946, 1950, 1956 e 1958 de *Veja* e 1902 de *IstoÉ*. Contudo, são edições que não trazem a imagem (fotográfica, ilustração ou fotomontagem) de Lula na matéria principal, o que as coloca como capas que fogem ao recorte metodológico proposto nesta Pesquisa e, por isso, não foram consideradas para análise.

7 Variante da palavra "mensalidade" que se refere a um esquema de compra de votos de parlamentares, ou seja, uma suposta "mesada" paga a deputados para votarem a favor de projetos de interesse do Poder Executivo. Este termo foi adotado, em 2006, pela mídia e, assim, popularizado.

gráfico da comunicação de massa que carrega forte influência midiática no que diz respeito à composição de uma agenda[8] para a opinião pública.

A análise das capas selecionadas, tanto a gráfica como a semiótica, permite a extração de uma Retórica específica e sua respectiva aplicação, como também método de análise, seja por meio da figuralidade ou dos processos argumetativos. Recursos e efeitos ideologicamente explícitos e implícitos podem ser observados, reconhecidos e verificados em mensagens graficamente trabalhadas. Isso consagra à Retórica do Design Gráfico uma nova envergadura para a ação de ferramental indutor e catalisador dos discursos produzidos e projetados pela atividade do Design Gráfico.

A intenção desse estudo foi analisar as matérias de capa,[9] tendo em vista expor didaticamente a manifestação da Retórica do Design Gráfico e sua abrangência na construção de uma teoria do Design.

8 O termo **agenda** aqui se aproxima da acepção jornalística *agenda-setting*: "a hipótese do *agenda-setting* sustenta que as pessoas passam a agendar seus assuntos e suas conversas em função do que é veiculado na mídia. Ou seja, os veículos de comunicação de massa determinam os temas sobre os quais o público falará ou discutirá" (RABAÇA; BARBOSA 2001, p. 175).

9 O foco da pesquisa volta-se para a mensagem visual única e fixa, pois, como entende Joly (2003, p. 11), é a partir da análise de mensagens mais simples que se possibilita uma abordagem sobre as mensagens visuais mais complexas, como a imagem em sequência ou animada.

Figura 2.1 – Imagens das capas das revistas noticiosas utilizadas na pesquisa (*Veja*, edição n. 1975; *IstoÉ*, edição n. 1924; *Época*, edição n. 433; *Época*, edição n. 442; *IstoÉ*, edição n. 1933; *Veja*, edição n. 1981).

Para efeito de recorte analítico, os elementos periféricos – que são aqueles que não fazem parte diretamente da matéria principal – foram desconsiderados para a análise das matérias de capa. Alguns deles não possuem posição fixa, como as marcas das editoras, os selos "exemplar do assinante", os códigos de barras, o preço e a data de publicação da edição. Outros têm localização predeterminada, como as testeiras e as orelhas.

As estruturas compositivas[10] das capas das revistas utilizadas na pesquisa são todas imagens. Imagens marcárias das revistas e das editoras, imagem principal da matéria de capa (fotografia, fotomontagem e/ou ilustração), imagens tipográficas das matérias de capa (chamadas), testeiras, orelhas, código de barras, preço e a data de publicação do exemplar. Essas imagens podem colocar em confronto **persuasão** e **informação**. Enquanto a noção de **informação** é caracterizada pelo engendramento de discursos simples e diretos, impondo-se como o verdadeiro interesse idealizado, a noção de **persuasão** tende a ser admitida como aquela que constrói discursos em busca do debate para confrontar posições em defesa de teses, as quais são fundamentadas em argumentos.

10 **Estrutura compositiva** assemelha-se ao termo **leiaute** (*layout*): gestão da forma e do espaço. Visa distribuir os elementos visuais e textuais de um modo que o leitor os perceba com facilidade.

A **informação**, para conferir credibilidade, necessita de premissas adequadas que estabeleçam níveis persuasivos nos argumentos. O que a desvincula da possível ideia de persuasão, preconizada historicamente por **leis funcionalistas**, mas que muito a aproxima do conceito de que persuadir é convencer alguém a crer em algo que está ausente, porém aceito como possibilidade.

São os estudos de Chaïm Perelman e Lucie Olbrechts-Tyteca que ensejam e proveem essa materialização renovadora dos princípios da Retórica. Coube aos tratadistas a renovação: "entre a demonstração – rigorosa, racional e impessoal – e a persuasão – irracional, passional e manipuladora – eles mostraram que podia existir um 'nicho' da argumentação, que se dirige de modo não coercitivo ao entendimento do interlocutor" (MEYER, 2008, p. 5).

A **Nova Retórica**, de Perelman, traz um novo conceito paradigmático à noção de Retórica. Aspectos da argumentação e dos julgamentos de valor foram credenciados ao seu universo, permitindo a ampliação do raio de atuação de seu campo teórico e metodológico. A Retórica do Design Gráfico angaria novos parâmetros reflexivos, seja como análise da manifestação discursiva de uma linguagem, ou como um balizamento epistemológico, que se volta à cientificidade das interfaces e imbricações de possíveis teorias. A carga semântica direcionad

Retórica revela uma polissemia moldada sob os mais diversos investimentos teóricos e intelectuais que a cercaram desde a Antiguidade.

Para o senso comum, retórica ainda se reveste dos estereótipos de discurso falacioso, artificial, empolado, desvirtuado ou enganoso, ou seja, constitui uma ferramenta de distorção do real sentido que deveria ser enunciado. Não é incomum testemunhar, para enfatizar um cunho duvidoso ou evasivo de uma declaração, observações como "o que ele explanou foi pura retórica". Decerto, essa interpretação tem sua origem nas peculiaridades da **Retórica Sofística**, cujo intuito não pretendia a construção de discursos verdadeiros ou verossímeis, mas, sim, voltava-se indubitavelmente ao domínio da palavra, para convencer um adversário e vencê-lo em um debate transcorrido numa ágora grega.

Essa "retórica selvagem", porém, traz uma rotulagem pejorativa ao emprego teórico de uma disciplina acadêmica e um método de análise crítica do discurso, que se descortina em uma perene e celebrada história através dos tempos. Por exemplo, Platão, em sua obra *Fedro*, refutou uma retórica "bajuladora" e enfatizou uma retórica cujos argumentos poderiam agradar e convencer os próprios deuses: "se a ação eficaz sobre as mentes é a iniciativa de toda Retórica, a qualidade dessas mentes é que distinguirá, portanto, quando ela é desprezível ou digna de elogios" (PERELMAN, 1997, p. 208).

Isócrates tratou da moralização da Retórica ao afirmar que ela seria aceitável apenas se estivesse a serviço de uma causa honesta e nobre, e não deveria ser censurada pelo mau uso que dela poderia ser feito. Em Aristóteles, a Retórica reconheceu a função de discernir os meios de persuasão. À Retórica foi creditado que é pelo discurso que se persuade, quando se apresenta o que é verdade ou, pelo menos, aquilo que pareça ser verdadeiro.

Da Antiguidade ao século XX, considerando-se os mecanismos da comunicação de massa, a Retórica se coloca como a face significante da ideologia, como anuncia Barthes:

> À ideologia geral, correspondem, na verdade, significantes de conotação que se especificam conforme a substância escolhida. Chamaremos a esses significantes *conotadores* e, ao conjunto dos conotadores, uma *retórica*: a retórica aparece, assim, como a face significante da ideologia. As retóricas variam fatalmente em razão de sua substância (aqui, o som articulado, lá, a imagem, o gesto etc.) (...) (BARTHES, 1990, p. 40.)

A teoria de Perelman desenvolve uma Retórica renovada, voltada à argumentação e aos julgamentos de valor. É o discurso de uma racionalidade que já não pode evitar os debates e defende o pluralismo, a democracia e a liberdade intelectual ilimitada. Em nenhum dos casos aqui teorizados, a Retórica é posta em xeque como aquela que oculta ou mascara uma realidade. Componente da linguagem, instrumento ideológico e defensora de teses, a fundamentação do conceito renovado de Retórica propõe a apresentação de provas a serem postas por alguém para o julgamento de outrem.

E é desse modo, sob o enfoque de uma Retórica renovada, que se enquadra e se evidencia uma Retórica do Design Gráfico.

Em que pesem as variações internas do sistema, a retórica, lembremos, reinou no Ocidente durante dois milênios e meio, de Górgias a Napoleão III; tudo o que ela, imutável, impassível e quase imortal, viu nascer, crescer, desaparecer, sem comover-se nem se alterar: a democracia ateniense, as realezas egípcias, a República Romana, o Império Romano, as grandes invasões, o feudalismo, a Renascença, a monarquia, a Revolução; assimilou regimes, religiões, civilizações; agonizante desde o Renascimento, levou três séculos para morrer; e ainda não havia certeza de sua morte. A retórica dá acesso ao que chamaríamos de uma supercivilização: a do Ocidente, histórica e geográfica: foi a única prática (com a gramática, nascida depois dela) através da qual nossa sociedade reconheceu a linguagem, sua soberania [...], que era também, socialmente, uma "senhorialidade" [...] (BARTHES in COHEN et al., 1975, p. 150).

Tratado da argumentação: ferramental para análise/ construção do discurso

3

Perelman restaura a Dialética Aristotélica e rompe intransigentemente com o racionalismo da civilização ocidental, racionalismo este definido como absoluto e monopolizador. Dessa forma, como observa Dante Tringali (1988, p. 150), a Nova Retórica aceita a Lógica dos raciocínios científicos, a Analítica,[11] e reintroduz a Dialética, tornando-a objeto exclusivo de suas investigações e de seu grupo. Nomeia a Analítica de "lógica demonstrativa" e a Dialética de "lógica da argumentação". Considerando-se estes termos, por que, então, a Nova Retórica não seria chamada de "Nova Dialética"?

O termo *nova* refere-se a "um movimento neoaristotélico e se incumbe de restaurar, introduzir de novo, renovando a Dialética de Aristóteles, mas sob o nome de Retórica" (TRINGALI, op. cit.). Por sua vez, o termo **retórica** foi posto em evidência porque o vocábulo Dialética estava totalmente comprometido com o sentido hegeliano e marxista. Soaria como absurdo empregá-lo também com o sentido aristotélico. Na Grécia Antiga, a Dialética era considerada a arte do diálogo. Provar a tese pela argumentação, definir e distinguir os conceitos envolvidos na discussão passou a constituir o processo dialético. Na concepção moderna, a Dialética é tida como "o modo de pensarmos as contradições da realidade, o modo de compreendermos a realidade como essencialmente contraditória e em permanente transformação" (KONDER, 2006, p. 8).

Em Aristóteles, a Dialética é vista *como exercício* do ato de argumentar, **como meio de contato** interpessoal, de transmissão de opiniões, **como instrumento filosófico** na proposição dos problemas. Mas para se preservar, a Dialética pede um diálogo retórico. São figuras **de retórica** e não **de dialética**. E às figuras, salienta-se que a teoria perelmaniana outorga um tratamento especial.

A Dialética é tida como a técnica da controvérsia com outrem, a Retórica como a técnica do discurso dirigido a muita gente e a Lógica como as regras aplicadas para conduzir

11 Analítica, citada por Tringali (1988, p. 24), refere-se ao estudo dos "raciocínios científicos aos quais se chega à ciência. Aristóteles também chama a este tipo de raciocínio de analítico, demonstrativo, apodítico". "Para Aristóteles, o raciocínio analítico é que teria o caráter de univocidade e de necessidade que hoje atribuímos às demonstrações formais. Quando existe um acordo sobre as teses iniciais e sobre as regras de dedução, na exposição do sistema, na apresentação de suas consequências, o mestre terá todo o interesse em utilizar os esquemas analíticos de raciocínio; o papel do aluno é passivo: este deve contentar-se em seguir e em compreender os encadeamentos do discurso. É na ausência de um acordo sobre os elementos de semelhante sistema dedutivo – acordo resultante de uma convenção, de uma intuição ou de uma forma qualquer de evidência – que, segundo Aristóteles, o recurso às provas dialéticas pode mostrar-se inevitável" (PERELMAN, 1997, p. 49).

o pensamento próprio (PERELMAN; OLBRECHTS-TYTECA, 2005 [1958], p. 45). Sobre essas acepções, os próprios tratadistas se incumbem de explicar o porquê da escolha do termo **retórica** para o Tratado da Argumentação:

> Se a palavra dialética serviu, durante séculos, para designar a própria lógica, desde Hegel e por influência de doutrinas nele inspiradas ela adquiriu um sentido muito distante de seu sentido primitivo, geralmente aceito na terminologia filosófica contemporânea. Não ocorre o mesmo com a *retórica*, cujo emprego filosófico caiu em tamanho desuso [...]. Esperamos que nossa tentativa fará reviver uma tradição gloriosa e secular. (PERELMAN; OLBRECHTS-TYTECA, 2005, p. 5.)

Ao reviverem a secular tradição retórica, Perelman e Olbrechts-Tyteca desenvolveram um Tratado da Argumentação, tomando o raciocínio aristotélico como um dos pontos de partida primordiais (Figura 3.1). Sobre o neoaristotelismo em Perelman, "a bem da verdade, já encontramos uma classificação dos argumentos, a de Aristóteles, que os divide em: indutivos (exemplo) e dedutivos (entimema); será que precisa criar mais uma?" (REBOUL, 2004, p. 163).

A resposta se dá de forma afirmativa e explica que, em Aristóteles, não se encontra uma relação entre as premissas da argumentação. Ao contrário, a Nova Retórica de Perelman "estuda o conteúdo das próprias premissas, define tipos de argumentos (lugares) que permitem propor uma premissa, mais precisamente uma premissa maior, à qual se pode depois subsumir o caso em questão" (REBOUL, op. cit.).

Quanto aos gêneros oratórios da Retórica Aristotélica, um havia sido negligenciado através dos tempos. Para Aristóteles, conforme o gênero, o orador se propunha a atingir diferentes finalidades: no deliberativo, aconselhando o útil, o melhor; no judiciário ou forense, pleiteando o justo; no epidítico, tratando do elogio ou da censura, ocupando-se do belo ou do feio. Os gêneros deliberativo e forense foram anexados pela Filosofia e pela Dialética, e o epidítico, pela Literatura.

Na Nova Retórica, é fundamental ter ciência de como um orador alcança o assentimento de um auditório. Para os tratadistas, o papel do discurso epidítico é aumentar a intensidade de adesão aos valores comuns do auditório e do orador. É um papel importante, já que sem esses valores comuns, em que poderiam apoiar-se os discursos forenses e deliberativos?

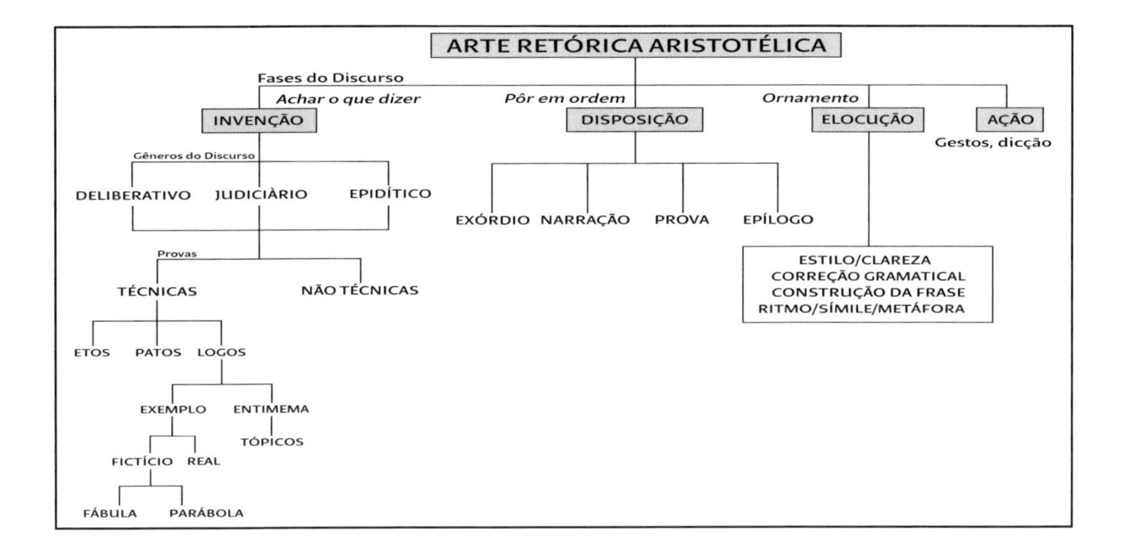

Aristóteles define provas argumentativas para os três gêneros do discurso. As provas não técnicas são as que existem independentemente da argumentação criada pelo orador, como confissões, testemunhos, juramentos, contratos, leis etc.

As provas técnicas dizem respeito às provas criadas pelo orador para compor e sustentar sua argumentação. Elas são divididas em três grupos denominados *etos*, *patos* e *logos*. Enquanto o **etos** se refere ao orador, o **patos** diz respeito ao público (auditório). O **logos** volta-se à argumentação do discurso propriamente dita.

"O *ethos* relaciona-se ao cruzamento de olhares: olhar do outro sobre aquele que fala, olhar daquele que fala sobre a maneira como ele pensa que o outro o vê" (CHARADEAU, 2006, p. 115). Refere-se à imagem que o locutor constrói de si em seu discurso para exercer uma influência sobre seu público. Em Aristóteles, o *etos* indica as virtudes morais que asseguram credibilidade ao orador, considerando sua benevolência, virtude e prudência. O *patos* se configura na emoção que o orador consegue impingir ao auditório. "É preciso desenvolver a capacidade da audiência empática. **Pathos**, em grego, além de enfermidade, significa sentimento. **Em**, preposição, significa **dentro de**. Ouvir com empatia significa, pois, ouvir *dentro do* sentimento do outro" (ABREU, 2005, p. 39).

Já "a palavra grega *logos* fornece a radical básica para nossa palavra 'lógica'. Parte do campo da retórica consiste no exame de como os argumentos lógicos funcionam para nos convencer de sua validade" (LEACH. In: BAUER; GASKELL, 2004, p. 302). Cabe ressaltar que o termo *logos* é utilizado para simplificar, pois não é empregado por Aristóteles (cf. REBOUL, 2004, p. 49). O *logos* é o tipo de **prova técnica** que envolve o raciocínio lógico do orador, compondo a argumentação propriamente dita. Por sua vez, o *logos* se vale dos recursos **exemplo** e **entimema**.

O exemplo parte da indução retórica. Sustenta-se uma argumentação por meio de fatos passados para projetar o futuro. Já o **raciocínio entimemático** refere-se ao silogismo retórico. Deduz-se uma prova a partir de premissas verossímeis, ou seja, prováveis verdades admitidas pela maioria.

Figura 3.1 – Proposta esquemática para a Arte Retórica Aristotélica. *Fonte:* ALMEIDA JUNIOR, 2009, p. 71.

> Enquanto esses últimos gêneros utilizam disposições já existentes no auditório, enquanto neles os valores são meios que permitem determinar uma ação, na epidítica a comunhão em torno dos valores é uma finalidade de que se persegue, independentemente das circunstâncias precisas em que tal comunhão será posta à prova. (PERELMAN; OLBRECHTS-TYTECA, 2005 [1958], p. 58.)

A Nova Retórica é uma teoria da argumentação que não significa o mesmo que lógica. A argumentação se distingue da demonstração ou da lógica formal. Por isso, a grande contribuição filosófica da Nova Retórica está no fato de que "entre a demonstração científica e a arbitrária das crenças, há uma lógica do verossímil, a que dão o nome de argumentação, vinculando-a à antiga retórica" (REBOUL, 2004, p. 89). Essa afirmação evidencia inclusive a herança trazida pela Retórica Aristotélica, o que é corroborado pelos próprios tratadistas, quando descrevem que "a publicação de um tratado consagrado à argumentação e sua vinculação a uma velha tradição, a da retórica e da dialética gregas, constituem *uma ruptura com uma concepção da razão e do raciocínio, oriunda de Descartes* [...]" (PERELMAN; OLBRECHTS-TYTECA, op. cit., p. 1).

Essa ruptura discute que a razão cartesiana, fundamentada na lógica formal, torna irracionais a imaginação, a intuição ou a insinuação. É sugerido um novo conceito de racionalidade, embasado no pluralismo e na liberdade humana, diferentemente da noção cartesiana de conhecimento.

Na Nova Retórica, é "excessivamente irracional" a "pretensão cartesiana": Perelman pretende considerar que as duas partes ditam opiniões válidas e razoáveis, já que "[...] os problemas humanos, práticos, políticos e morais não podem ser reduzidos à antinomia, ao verdadeiro ou falso [...]" (MANELI, 2004, p. 26). Trata-se de aceitar o pluralismo, tanto nas opiniões como nos valores morais e, com isso, o múltiplo e o não coercivo tornam-se imperativos da racionalidade.

Nesses termos, o projeto teórico eleito por Perelman é a pesquisa sobre a "lógica dos julgamentos de valor", em que o campo da argumentação é o do verossímil, do plausível e do provável, na medida em que este último foge à exatidão do cálculo. Assim, a Retórica Perelmaniana colabora com o rompimento da tradição cartesiano-positivista de rejeição à prática retórica:

> Na lógica moderna, oriunda de uma reflexão sobre o raciocínio matemático, os sistemas formais já não são correlacionados com uma evidência racional qualquer. O lógico é livre para elaborar como lhe aprouver a linguagem artificial

> do sistema que constrói, para determinar os signos e combinações de signos que poderão ser utilizados. Cabe a ele decidir quais são os axiomas, ou seja, as expressões sem prova consideradas válidas em seu sistema, e dizer quais são as regras de transformação por ele introduzidas e que permitem deduzir, das expressões válidas, outras expressões igualmente válidas no sistema. A única obrigação que se impõe ao construtor de sistemas axiomáticos formalizados e que torna as demonstrações coercivas é a de escolher signos e regras que evitem dúvidas e ambiguidades. (PERELMAN; OLBRECHTS-TYTECA, op. cit., p. 15.)

Apoiando-se em Descartes, a lógica tinha sido limitada à lógica formal, ao estudo dos meios de prova utilizados nas ciências matemáticas. A Retórica Perelmaniana propõe que os julgamentos que não se baseassem em categorias de lógica formal poderiam ainda assim ser razoáveis, não irracionais, já que, durante uma discussão, se dá continuidade ao raciocínio, mesmo quando não estamos calculando. Nem sempre se demonstra, como em operações matemáticas, mas inevitavelmente se argumenta.

3.1 Os âmbitos da argumentação

A demonstração é impessoal, a argumentação é sempre pessoal. Centrada na linguagem matemática, a demonstração é desprovida de ambiguidade (a/b = c/d). É processada em concordância com regras previamente explicitadas; provém de um sistema axiomático o qual já é considerado verdade, independentemente do acordo com um auditório. Quem apresenta uma demonstração não desempenha papel essencial, já que sua conclusão é sua própria validade. (PERELMAN; OLBRECHTS-TYTECA, 2005 [1958], p. 51.)

Na argumentação, há a presença do debate. Prevalece ambiguidade da linguagem natural. Enquanto a demonstração busca base em axiomas tidos como considerações previamente válidas, a argumentação começa por uma premissa. Sua conclusão não justifica o correto ou o incorreto, mas sim, evidencia o mais ou menos convincente, o mais ou menos pertinente, o mais ou menos forte. "A argumentação é a técnica utilizada na controvérsia, na crítica e na justificativa, opondo-se e refutando, solicitando e expondo razões" (MANELI, 2004, p. 49). Existe como meio de prova, distinta da demonstração. Comporta uma parte da oratória, configurando-se num terreno em que "os antigos tinham razão em unificar seus elementos racionais e afetivos em um mesmo todo, a retórica". (REBOUL, 2004, p. 112.)

> Toda argumentação é retórica (e não lógica), porque não implica premissas inquestionáveis e não dispensa provas. Ao contrário, na argumentação, há um duplo movimento: persuasão e prova, e o que se busca é o convencimento ou a adesão e a persuasão deriva da lógica das razões e dos argumentos. Para tanto, a retórica fornece ao orador numerosos mecanismos ou estratégias argumentativas. (DAYOUB, 2004, p. 69.)

Na Retórica, são examinados todos os dados. Nada é aceito antecipadamente, todas as asserções implícitas ou explícitas são rejeitadas, além de todas as premissas e proposições. Dessa forma, Perelman e Olbrechts-Tyteca (2005 [1958], p. 16) salientam que, para que haja argumentação, é necessário que se realize uma "comunidade efetiva dos espíritos". Daí que "[...] toda argumentação visa à adesão dos espíritos e, por isso mesmo, pressupõe a existência de um contato intelectual" (ibid.).

As ideias de "adesão" e "contato intelectual" são extremamente relevantes na Nova Retórica, pois argumentar inclui "[...] apreço pela adesão do interlocutor, pelo seu consentimento, sua participação mental" (ibid., p. 18). Essa acepção fica mais clara quando se reitera que o objetivo da argumentação não significa simplesmente abandono do ponto de vista e aceitação do que defende o orador. Esse propósito seria imensamente restrito e simplista. Perelman entende que a prática da argumentação, firmada pelo diálogo, significa ganhar a **adesão** da audiência. Portanto, "[...] o objeto dessa teoria é o estudo das técnicas discursivas que permitem *provocar ou aumentar a adesão dos espíritos às teses que se lhes apresentam ao assentimento*" (ibid., p. 4).

O orador "só conseguirá atingir seu objetivo se fizer uso de uma linguagem (visual e verbal) persuasiva. Assim, a Retórica tem como objetivo persuadir e a adesão é o fim, o objetivo e o critério da comunicação persuasiva" (DAYOUB, op. cit., p. 40). Não obstante, na visão de Perelman, a adesão será suscetível de menor ou maior intensidade:

> [...] o assentimento tem seus graus, e uma tese, uma vez admitida, pode não prevalecer contra outras teses que viriam a entrar em conflito com ela, se a intensidade da adesão for insuficiente. A qualquer modificação dessa intensidade corresponderá, na consciência do indivíduo, uma nova hierarquização dos juízos. (PERELMAN, 1997, p. 57.)

Perelman (op. cit., p. 71) esclarece que "uma vez que visa à adesão, a argumentação retórica depende essencialmente do auditório a que se dirige [...]". Dayoub (op. cit., p. 38) salienta que, ao ser recuperado o conceito de que a Retórica é a arte da argumentação, a noção aristotélica de auditório foi revitalizada,

"[...] pois a verossimilhança só adquire a aparência de verdade na instância interlocutória – momento em que o discurso é ouvido pelo auditório". Os tratadistas definem o auditório como "o conjunto daqueles que o orador quer influenciar com sua argumentação". (PERELMAN; OLBRECHTS-TYTECA, op. cit., p. 22.)

3.2 Os auditórios

A teoria perelmaniana diz que a argumentação ocorre sempre diante de alguém (indivíduo, grupo ou multidão, auditório, ou leitores). Logo, sobre o auditório recai a pergunta acerca da qualidade da argumentação e atitude do orador. A natureza do auditório é determinante para a eficácia da Retórica, pois, "diferentemente do que ocorre na lógica formal, o objetivo [...] será atingido se a argumentação se adaptar às características daquele determinado auditório" (DAYOUB, 2004, p. 41). E, portanto, define "em ampla medida tanto o aspecto que assumirão as argumentações quanto o caráter, o alcance que lhes serão atribuídos". (PERELMAN; OLBRECHTS-TYTECA, 2005 [1958], p. 33.)

Dessa forma, há a noção de reconhecimento de um orador, que procura, por meio do contato intelectual com um auditório, renunciando à violência, escolher o melhor argumento com objetivos persuasivos, para provocar ou aumentar a adesão dos espíritos. Esse é o *habitat* da lógica dos julgamentos de valor, cerne da Nova Retórica.

Em sua proposição, todo discurso visa ser planejado em função de um auditório, pois é ele quem decidirá se tal discurso é convincente ou não. Com o intuito de conseguir sua adesão, o orador deve persuadi-lo.

Para tanto, Perelman e Olbrechts-Tyteca (op. cit.) lançam o questionamento: "como imaginaremos os auditórios aos quais é atribuído o papel normativo que permite decidir a natureza convincente de uma argumentação?" A resposta está no destaque à fundamentação de dois tipos de auditório, o **particular** e o **universal.** Em *Retóricas*, Chaïm Perelman traz a seguinte explanação para o **auditório universal**:

> O auditório universal tem a característica de nunca ser real, atualmente existente, de não estar, portanto, submetido às condições sociais ou psicológicas do meio próximo, de ser, antes, ideal, um produto da imaginação do autor e, para obter a adesão de semelhante auditório, só se pode valer-se de premissas aceitas por todos ou, pelo menos, por essa assembleia hipercrítica, independente das contingências de tempo e de lugar, à qual se supõe dirigir-se o orador. O próprio autor deve, aliás, ser incluído nesse auditório que

> só será convencido por uma argumentação que se pretende objetiva, que se baseia em "fatos", no que é considerado verdadeiro, em valores universalmente aceitos. Argumentação que conferirá à sua exposição um cunho científico ou filosófico que as argumentações dirigidas a auditórios mais particulares não possuem. (PERELMAN, 1997, p. 73.)

Na Nova Retórica, o conceito proposto de auditório universal (per)passa mais pela ideia de quem expõe um discurso do que pela presença física de ouvintes ou leitores. O propósito do auditório universal presta-se à seleção dos apelos e argumentos que um orador utilizará no desenvolvimento de seu discurso. Como se fosse estipulado um padrão, uma norma, visando o engenho de um discurso persuasivo, os "bons" dos "maus" argumentos diferenciam-se, na concepção do auditório universal.

> Em se tratando de intensidade de adesão, predominará a competência argumentativa do orador. Seus métodos e técnicas retóricas devem ampliar o tipo de auditório sobre o qual pretende agir. O orador precisa formar um ambiente receptivo para seu discurso. Ele precisa saber para quem discursará e que argumentos expressivos e válidos usará. Ele precisa ser reconhecido como um orador de valor, para que seus argumentos sejam conhecidos e respeitados pelo auditório. São necessários orador reconhecido, auditório predisposto a ouvi-lo e argumentos que sejam considerados verossímeis e compatíveis com a realidade do público a quem se dirige o discurso. (DAYOUB, 2004, p. 41.)

"O auditório presumido é sempre, para quem argumenta, uma construção mais ou menos sistematizada" (PERELMAN; OLBRECHTS-TYTECA, op. cit., p. 22). É, sobretudo, um conceito mental de auditório vislumbrado pelo orador. Por isso, "[...] o auditório universal é constituído por cada qual a partir do que sabe de seus semelhantes, de modo a transcender as poucas oposições de que tem consciência" (ibid., p. 37). Portanto, cada cultura, cada indivíduo possui sua própria concepção do que vem a ser um auditório universal.

Abreu (2005, p. 42) descreve que o "auditório universal é o conjunto de pessoas sobre as quais não temos controle de variáveis", enquanto o "[...] auditório particular é um conjunto de pessoas cujas variáveis controlamos" (ibid.). Desse modo, a noção de auditório particular abrange qualquer grupo de indivíduos competentes para o reconhecimento da defesa de uma tese, de uma argumentação. É o auditório composto por pessoas presentes fisicamente e àquelas as quais um discurso esteja endereçado, seja em que período for. Para Reboul (2004, p. 93.), "um auditório é, por definição particular, diferente de outros auditórios. Primeiro pela competência, depois pelas crenças e finalmente pelas emoções". Ainda segundo o autor, "em outras palavras, sempre há um ponto de vista, com tudo que esse termo comporta de relativo, limitado, parcial" (ibid.).

O auditório universal é entendido como um modelo ou uma norma para os auditórios particulares. Reboul (op. cit., p. 245) coloca que o auditório universal opõe-se ao auditório particular, "[...] designa qualquer ser racional, trata-se mais de um ideal que da realidade". Em nota, o autor também observa que "é difícil de saber se em Perelman o auditório universal é uma ilusão ou um ideal" (ibid., p. 236). Contudo, na idealização de um auditório universal, ao se definir que argumentos devem ser destinados a um discurso, o padrão estabelecido pode vir a ser um direcionamento para a superação do orador, isto é, a criação da imagem de um auditório que conglomere todos os seres, como é verificado por Reboul:

> O orador sabe bem que está tratando com um auditório particular, mas faz um discurso que tenta superá-lo, dirigido a outros auditórios possíveis que estão além dele, considerando implicitamente todas as suas expectativas e todas as suas objeções. Então o auditório universal não é um engodo, mas um princípio de superação, e por ele se pode julgar da qualidade de uma argumentação. (REBOUL, op. cit., p. 93.)

As dimensões dos auditórios situam a distinção na teoria perelmaniana entre **convencimento** e **persuasão.**

3.3 Convencimento e persuasão

A Nova Retórica chama de **persuasiva** a argumentação voltada a um auditório particular e de **convincente** aquela que é direcionada ao auditório universal. O primeiro tipo de argumentação é concebido como irracional, dirige-se à vontade e propõe uma ação, e o segundo visa a adesão racional (cf. PERELMAN, 1997, p. 59).

Enquanto o **convencimento** é inserido em um discurso endereçado a qualquer pessoa, a qualquer ser racional, independentemente da situação intelectual ou social, a **persuasão** exige um público específico (cf. DAYOUB, 2004, p. 44).

Para Perelman e Olbrechts-Tyteca (2005 [1958], p. 30), convicção e persuasão são sempre fundamentadas em uma determinação que se retira de um conjunto – conjunto de procedimentos, conjunto de faculdades – elementos considerados racionais. No tratamento entre convencimento e persuasão uma tenuidade é percebida. A linha que os limita é imprecisa, a distinção entre os diversos auditórios é extremamente incerta, "[...] e isso ainda mais porque o modo como o orador imagina os auditórios é o resultado de um esforço sempre suscetível de ser retomado" (PERELMAN; OLBRECHTS-TYTECA, 2005 [1958], p. 33). Na Nova Retórica, "a persuasão tornou-se questão filosófica importante, uma vez que, para persuadir, o discurso tem de manter sintonia com os valores e preferências do auditório" (DAYOUB, op. cit., p. 47). Isso porque o bom desempenho do orador está vinculado não apenas à sua própria intenção, mas ao recurso a certos procedimentos argumentativos. Esses procedimentos evidenciam os pontos de partida de uma argumentação.

3.4 Pontos de partida da argumentação

Para que haja uma argumentação eficaz, o orador deve ter um conhecimento prévio de seu auditório. Ele precisa saber quais são as opiniões, crenças e o que é admitido como verdade por aquela audiência, antes de iniciar um discurso. Daí vem o propósito da criação de um auditório universal.

"O movimento argumentativo consiste na transposição da adesão inicial que o auditório tem com relação a uma opinião que lhe é comum para uma outra de que o orador quer convencer" (DAYOUB, 2004, p. 47). Esse movimento converge para um **acordo** entre o discurso do orador e as **premissas** de um auditório, já que "como a adesão implica concordância entre as partes, o orador deve recorrer aos possíveis objetos de acordo, para neles fixar o ponto de partida da argumentação" (ibid., p. 49).

> Com efeito, tanto o desenvolvimento como o ponto de partida da argumentação pressupõem acordo do auditório. Esse acordo tem por objeto ora o conteúdo das premissas explícitas, ora as ligações particulares utilizadas, ora a forma de servir-se dessas ligações; do princípio ao fim, a análise da argumentação versa sobre o que é presumidamente admitido pelos ouvintes. (PERELMAN; OLBRECHTS-TYTECA, 2005 [1958], p. 73.)

Para a adesão de um discurso, deve-se buscar o acordo com certas premissas já aceitas por um auditório. Na Nova Retórica, os pontos iniciais para uma argumentação são embasados em dois tipos de acordos prévios: o **acordo sobre o real** e o **acordo sobre o preferível**. "Entendido como critério qualificador do racional, o acordo prévio nada mais é senão o produto da própria dimensão dialógica dos recursos retóricos" (DAYOUB, op. cit., p. 53).

O **acordo sobre o real** diz respeito ao auditório universal e corresponde a tudo o que é admitido como **fato, verdade** ou **presunção.** O **acordo sobre o preferível** lida com **valores, hierarquias** e **lugares do preferível** e está relacionado ao auditório particular.

Fatos, verdades e **presunções** são premissas do auditório universal ou pontos de partida da argumentação, que não equivalem à opinião, pois lidam com a realidade. Os **fatos** são, sob o ponto de vista argumentativo, certos tipos de dados baseados na realidade objetiva. Assinalam o que é presenciado em um acordo universal como incontroverso (cf. MANELI, 2004, p. 54; PERELMAN; OLBRECHTS-TYTECA, 2005 [1958], p. 76).

Um fato designa o que é comum a vários entes pensantes, podendo ser uma premissa comum a todos (cf. POINCARÉ apud PERELMAN; OLBRECHTS-TYTECA, 2005 [1958], p. 75). Os fatos desobrigam a argumentação, significando que a intensidade de adesão dispensa ser aumentada e não tem necessidade de justificação. As verdades são premissas mais abrangentes que os fatos. São sistemas complexos referentes a ligações entre fatos que transcendem as experiências, quer sejam filosóficas, científicas ou religiosas. Os **fatos** referem-se a acontecimentos limitados; **verdade**, a teorias e enunciações.

> Fala-se geralmente de *fatos* para designar objetos de acordo precisos, limitados; em contrapartida, designar-se-ão de preferência com o nome de *verdades* sistemas mais complexos, relativos a ligações entre fatos, que se trate de teorias científicas ou de concepções filosóficas ou religiosas que transcendem a experiência. (PERELMAN; OLBRECHTS-TYTECA, 2005 [1958], p. 77.)

Fatos e verdades são premissas que funcionam sob o ponto de vista objetivo. Seus estatutos já se impõem à audiência. Portanto, no domínio em que se inserem, o orador não precisa reforçar a adesão. Saliente-se que fatos e verdades podem deixar de ser premissas assim identificadas, quando são contestados pelo auditório. Normalmente, isso ocorre quando são objeto de dúvidas ou quando cresce um grupo de pessoas que não consideram os fatos e as verdades apresentados como premissas adequadas a uma determinada realidade. Por exemplo, o astrônomo polonês Nicolau Copérnico (1473-1543), responsável pelo nascimento de uma nova Astronomia, ratificou e comprovou a ideia de que o Sol não gira em torno da Terra. Aqui, um orador já não pode se valer desses pontos de partida da argumentação, a não ser se provar que Copérnico esteja enganado com o seu argumento, ou apresentar razões plausíveis que justifiquem o não entendimento aos argumentos ora apresentada. A contraposição de ideias possibilita a desqualificação do oponente e retira-lhe o *status* de interlocutor razoável ou competente.

> A teoria da argumentação, com seu conceito discursivo de fatos e verdades, é inteiramente dialética: não sustenta nada sagrado, nada estabelecido, nada tido como certo. No entanto, é indispensável na busca pela verdade, pelo progresso, pela beleza e pela liberdade humana. Os valores eternos (com sua essência sempre em mutação) podem prender seus alicerces apenas no solo da dúvida e da contradição. (MANELI, 2004, p. 56.)

As **presunções** constituem o terceiro ponto inicial da argumentação, que lida com a natureza da realidade. Diferentemente dos fatos e das verdades, são premissas que permitem ser reforçadas em uma argumentação. As presunções têm função fundamental, são o que é entendido como verossímil, ou seja, o que é admitido até que se prove o contrário. Portanto, não se fundam na mesma garantia que os fatos e as verdades, mas permitem estabelecer uma convicção do que pode ser razoável ou provável.

Presunções são suposições. Estão ligadas a experiências comuns, apoiam-se na convicção de que algum evento é habitualmente considerado como normal. No uso corrente:

> A presunção de que a qualidade de um ato manifesta a da pessoa que o praticou; a presunção da credulidade natural, que faz com que nosso primeiro movimento seja acolher como verdadeiro o que nos dizem e que é admitida enquanto e na medida em que não tivermos motivo para desconfiar; a presunção de interesse, segundo a qual concluímos que todo enunciado levado ao nosso conhecimento supostamente nos interessa; a presunção referente ao caráter sensato de toda ação humana. (PERELMAN; OLBRECHTS-TYTECA, op. cit., p. 79.)

O que é **normal** está vinculado a algo semelhante, que já é existente. As presunções estão relacionadas a essas expectativas. O normal é uma base com a qual se conta, o que não significa uma representação definível em termos de distribuição estatística. Desse modo, deve-se frisar que uma presunção difere da probabilidade calculada. Espera-se que as pessoas ruins cometam más ações e as boas, boas ações; presume-se também que as mentirosas, mintam e que as confiáveis digam a verdade.

Enquanto discursos voltados à factualidade, à verdade e à presunção enunciam um dizer real. Os **valores**, as **hierarquias** e os **lugares do preferível** dizem respeito aos pontos de partida da argumentação referentes ao que é preferível, procurando a adesão de grupos particulares.

> Estar de acordo acerca de um **valor** é admitir que um objeto, um ser ou um ideal deve exercer sobre a ação e as disposições à ação uma influência determinada, que se pode alegar numa argumentação, sem se considerar, porém, que esse ponto de vista se impõe a todos. (PERELMAN; OLBRECHTS-TYTECA, op. cit., p. 84.)

Os tratadistas explicam que os valores, num dado momento, intervêm em todas as argumentações. Em raciocínios de ordem científica, ao se pretender a construção de um valor de verdade, os valores se restringem geralmente à origem da formação de regras e conceitos constituintes de um dado sistema. Nos campos político, filosófico e jurídico, recorre-se aos valores como motivação de certas escolhas em vez de outras e, sobretudo, para justificá-las, de modo a se tornarem aceitáveis e aprovadas. Destaca-se que alguns valores podem ser tratados como fatos ou verdades em um sistema de crenças que se pretende valorizar aos olhos da maioria. Caracterizam-se por certos comportamentos e virtudes, como as noções de **envolvimento**, **fidelidade**, **lealdade**, **solidariedade** e **disciplina**. Mesmo admitidos por muitos auditórios particulares, são percebidos com maior ou menor força. A intensidade da adesão a um valor, comparada à de aceitação a outro, determina entre esses valores uma hierarquia a ser considerada. A argumentação sobre o preferível sustenta-se ainda sobre as **hierarquias**.

Às vezes, as hierarquias são tidas como mais importantes do que os próprios valores. Caracterizadas na relevância preferida pelo auditório particular, referem-se aos princípios que ordenam, que arranjam os valores.[12] Nessa linha, selecionar **valores** a serem aceitos por um auditório é menos complexo do que conseguir estabelecer o modo como cada um deles será realmente comparado, hierarquizado. As escalas de valoração possuem mais importância do ponto de vista da estrutura de uma argumentação do que os próprios valores. A maior parte deles é comum a um grande número de auditórios. A característica de cada auditório é menos marcada pelos valores que admite do que pelo modo como os hierarquiza.

Assim como os valores são ordenados conforme hierarquias, estas podem ser ordenadas conforme os **lugares do**

12 Como sintetiza Abreu (2005, p. 77), "[...] a maneira como o auditório hierarquiza os seus valores chega a ser, às vezes, até mais importante do que os próprios valores em si. Na verdade, o que caracteriza um auditório não são os valores que ele admite, mas como ele os hierarquiza". Ainda segundo Abreu (op. cit.), "de fato, se dois grupos de pessoas possuem os mesmos valores, mas em escalas diferentes, acabam por configurar dois grupos diferentes". Constata-se, assim, que "as hierarquias de valores variam de pessoa para pessoa, em função da cultura, das ideologias e da própria história pessoal" (ibid.).

preferível. Esse é o terceiro ponto inicial da argumentação sobre o acordo preferível. O papel desempenhado pelos lugares, ou tópicos (*topoi*), é comparável ao das presunções no **acordo sobre o real**. Os tópicos garantem ao orador o acordo anteriormente fixado com o auditório.

Aristóteles estuda, nos *Tópicos*, toda espécie de lugares que serviriam de premissa a silogismos dialéticos ou retóricos. O nome **lugares** era usado pelos gregos "para denominar *locais virtuais* facilmente acessíveis, onde o orador pudesse ter argumentos à disposição, em momentos de necessidade" (ABREU, 2005, p. 81). Na Retórica Perelmaniana, são destacados seis tipos de lugares do preferível: quantidade, qualidade, ordem, existência, essência e pessoa.

No **lugar da quantidade** o que está em evidência são as relações quantitativas. **Lugares da quantidade** era o espaço concedido ao provável sobre o improvável, ao fácil sobre o difícil, ao que apresentava menos risco de não ocorrer. A preferência àquilo que proporcionasse mais bens, o bem maior, o mais durável, ou ainda o menor mal. São lugares que podem servir de premissas a argumentações de aspecto quase-lógico.[13] É no lugar da quantidade que são "encontrados alguns dos fundamentos da democracia: ganha uma eleição aquele que tiver maior quantidade de votos; uma lei, para ser aprovada no Congresso, tem de receber a maioria de votos" (ibid., p. 82).

No **lugar da qualidade**, em contrapartida, está a contestação da virtude do número. A valorização de tudo que é raro, eterno, único, singular, precário, insubstituível. O único passa a ser o preferível, e desprezado o banal, o intercambiável, a sociedade de consumo. A norma já não é o normal. É o original, até mesmo o marginal, o anômalo. O valor inestimável de uma obra de arte, por ela ser o único e original exemplar (cf. REBOUL, 2004, p. 166).

O **lugar da ordem** afirma a causa, as origens, a finalidade, o objetivo. As grandes invenções e acontecimentos da humanidade estão aí valorizados, pelo lugar da ordem. Quem foi o primeiro homem a pisar na Lua? Quem inventou o avião? As medalhas distribuídas aos vencedores também refletem o **lugar da ordem**: o primeiro é ouro, o segundo é prata e o terceiro é bronze (cf. ABREU, op. cit., p. 86).

O **lugar do existente** dá preferência àquilo que já existe. Afirma a superioridade do que há, do que é atual, do que é real, sobre o possível, o eventual ou o impossível.

13 Optou-se por grafar "quase-lógico" com hífen por respeitar o mesmo estilo usado na tradução da edição brasileira do *Tratado da Argumentação: a* Nova Retórica (cf. PERELMAN; OLBRECHTS-TYTECA, 2005).

O **lugar da essência** é aquele que concede um valor superior aos indivíduos enquanto representantes bem caracterizados dessa essência. É a supremacia do essencial relativa ao acidental, ao eventual, ao que acontece casualmente. É o que acontece com os objetos de marca: quando alguém rememora um bom automóvel, o lugar da essência traz à mente, por exemplo, marcas como Ferrari®, Jaguar® e BMW® (cf. ibid., p. 90).

O **lugar da pessoa**, como o próprio termo afirma, é a superioridade daquilo que está ligado aos indivíduos. Isso é sintetizado na expressão: "*Primeiro as pessoas, depois as coisas!* é o *slogan* que materializa esse lugar" (ibid., p. 91).

Os acordos de que dispõe o orador, como apoios para argumentar, constituem um dado amplo a ser utilizado de formas as mais diversas, passando a prevalecer a sua maneira de apresentar. As premissas, como pontos de partida de uma argumentação, compõem um acordo, real ou preferível, que por sua vez, se revela em forma de **dados** do discurso, que visam promover a **presença** ou a **comunhão** do auditório.

3.5 Dados do discurso: escolha, presença e comunhão

Diferentemente do raciocínio analítico, o raciocínio argumentativo desenvolvido por um orador é baseado na **escolha** de vários pontos iniciais disponíveis: as **premissas** para um **acordo**. Após selecionar as premissas da argumentação de uma tese já admitida pelo auditório, o orador decide sobre o melhor meio de descrever e apresentar essas premissas, definindo o tipo de linguagem a ser utilizado, a forma de insistência a ser empregada e as técnicas de apresentação a serem praticadas. Esses meios de apresentação são compostos pelos dados do discurso, que visam angariar a **presença** e/ou a **comunhão** do **auditório**. São os aspectos dessa elaboração – dessa formalização – que, para o pensamento perelmaniano, fornecem um dos ângulos pelos quais se pode apreender melhor o que distingue uma argumentação de uma demonstração. A presença está relacionada com a ênfase de certos elementos favorecedores para centralizar a atenção, e que ficam no primeiro plano da consciência. A seleção desses elementos e sua consequente apresentação ao auditório já implica sua relevância e pertinência no debate, pois lhes confere uma **presença** que é um fator essencial da argumentação. Um relato chinês feito por Mencius, discípulo de Confúcio, conta que um rei, ao ver passar um boi para ser sacrificado, dele se apieda e ordena que o substituam por um carneiro. Confessa que isso aconteceu porque estava vendo o boi e não o carneiro.[14]

14 MENG-TSEU, Primeiro livro, § 7 (PAUTHIER, G. Confucius et Mencius. Les quatre livres de Philosophie morale et politique de la Chine, Paris, Charpentier, 1852. pp. 230 ss. – resumido por PARETO, Traité de sociologie, I, p. 600 § 1135 a respeito da sua análise da piedade como resíduo) apud Perelman e Olbrechts-Tyteca (2005 [1958], p.132).

Para a argumentação, revela-se a importância do que está presente na consciência. Mas não basta que algo exista para que esse sentimento venha a ser expressado. Uma das preocupações do orador é tornar presente, pela magia de seu verbo, o que está ausente e o que ele considera imprescindível para sua argumentação.

Na **escolha**, cabe o ato da decisão prévia dos dados; na **presença** está o ato de trazer esses dados ao primeiro plano da consciência, conferindo-lhes uma visibilidade quase impossível de ser ocultada. O papel da **presença** é evidenciar o que está ausente, sendo essencial quando se busca evocar acontecimentos afastados no tempo e no espaço. Não obstante, toda argumentação é seletiva, caracteriza-se pela escolha dos elementos e da forma de torná-los presentes. Com isso, expõe-se inevitavelmente à crítica de ser parcial e, portanto, parcial e tendenciosa.

Enquanto na demonstração, a univocidade dos elementos apresentados é uma exigência, na argumentação leva-se em conta não simplesmente a escolha dos **dados**, mas a forma como estes são interpretados, conforme o significado atribuído e articulado pelo **orador**. Por isso, nenhuma escolha é neutra, apesar de existirem as que aparentam sê-lo, com o intuito de conferir mais credibilidade a certo discurso.

A presença age de modo direto sobre a sensibilidade do auditório. O cuidado quanto à apresentação com intenção de comover ou seduzir procede, pois, podem decorrer alguns efeitos perversos, como distrair ou orientar os participantes numa direção indesejada (cf. DAYOUB, 2004, p. 54). Como consequência, toda argumentação supõe, portanto, uma técnica de apresentação. Para a realização da presença, as questões da forma se mesclam com questões de fundo. Sendo assim, o mérito do orador entra em consideração, quando expõe e destaca pontos numa argumentação que poderiam ser anteriormente negligenciados pelo auditório. Em uma argumentação, além de criar a **presença** dos **dados** do discurso, busca-se também a **comunhão** com o **auditório**. Certos valores reconhecidos pelo auditório favorecem essa comunhão. A disposição para ouvir alguém inclui a disposição de aceitar eventualmente seu ponto de vista.

O orador busca, por meio da comunhão, estabelecer uma identificação com o auditório, uma ligação, para que este fique mais propenso a ser persuadido. É o caso do político-candidato que, na campanha eleitoral, narra dificuldades de sua história de vida, em busca de convergências com os propósitos idealizados pelo seu eleitorado. Para o desenvolvimento de um discurso argumentativo, o orador **escolhe dados** e técnica de apresentação, que garantirão a **presença** desses dados e a **comunhão** com o auditório.

FIGURAS DE RETÓRICA. Com o objetivo de angariar o acordo de um auditório, o orador lança mão de certos recursos de apresentação. Assim, a teoria de Chaïm Perelman enfatiza uma relevante passagem sobre o emprego das **figuras de retórica**. A Nova Retórica atribui papel especial às figuras, na apresentação dos dados, pois, com frequência, elas se revestem de força argumentativa.

> Desde a Antiguidade, provavelmente desde que o homem meditou sobre a linguagem, reconheceu a existência de certos modos de expressão que não se enquadram no comum, cujo estudo foi em geral incluído nos tratados de retórica: daí seu nome de *figuras de retórica*. Em consequência da tendência da retórica a limitar-se aos problemas de estilo e de expressão, as figuras foram cada vez mais consideradas simples ornamentos, que contribuem para deixar o estilo artificial e floreado. (PERELMAN; OLBRECHTS-TYTECA, 2005 [1958], p. 189.)

Apesar de as figuras de retórica terem sido entendidas, em um período da História, apenas como simples artifícios de ornamento e estilística de um discurso, para Perelman e Olbrechts-Tyteca, a ocorrência da figura pode ser uma forma de descrever os acontecimentos, de torná-los presentes. Lançaram a pergunta: "pode-se negar seu papel eminente como fator de persuasão?" (ibid., p. 190) Os próprios tratadistas respondem que "se menosprezada essa função argumentativa das figuras, seu estudo parecerá um vão passatempo, a busca de nomes estranhos para modos de expressão rebuscados" (ibid.). Fica evidente que não há como negar o importante papel das **figuras** como fator de persuasão, já que toda **figura** é um condensado de **argumento**, pois, se não o forem, serão reconhecidas como simples ornamento.

Deve-se salientar que os meios pelos quais o orador se serve, na concepção da Nova Retórica, só podem ser considerados retóricos ao se mostrarem idôneos à obtenção dos dados para um acordo. A **figura de retórica** é funcional. Pode-se entender que há uma contraposição entre o que é figura argumentativa e o que é figura de estilo percebida como mero ornamento. A figura de estilo se torna uma figura de retórica somente quando também desempenhar uma função argumentativa.

"O processo de adesão não implica a conclusão do discurso, mas a assimilação da figura como argumento, em seu valor pleno" (DAYOUB, 2004, p. 55). Conforme o efeito produzido no auditório dá-se a interpretação de uma figura como argumentativa ou de estilo. São duas as características que parecem ser indispensáveis para que haja a ocorrência de uma **figura**:

> [...] uma estrutura discernível, independente do conteúdo, ou seja, uma forma (seja ela, conforme a distinção dos lógicos modernos, sintática, semântica ou pragmática), e um emprego que se afasta do modo normal de expressar-se e, com isso, chama a atenção. Uma dessas exigências, pelo menos, encontra-se na maioria das definições das figuras propostas no curso dos séculos; a outra se introduziu por algum viés. (PERELMAN; OLBRECHTS-TYTECA, op. cit., p. 190.)

A Retórica Perelmaniana visa o entendimento apenas da dimensão retórico-argumentativa de uma figura; contudo, os tratadistas declaram que uma mesma figura nem sempre produzirá o mesmo efeito argumentativo. O acontecimento da figura é manifestado por uma série de graus entre a objeção real e a simulada. Uma mesma estrutura pode passar de um grau a outro, dirigida pelo próprio efeito produzido pelo discurso. A figura existe quando é possibilitada uma dissociação do uso dito como normal em uma estrutura de linguagem. Nessa linha, alguns recursos criam efeitos para reforçar a argumentação de um discurso por meio das figuras de retórica:

- dividir o todo nas suas partes – amplificação.
- terminar com uma síntese destas últimas – conglomeração.
- repetir a mesma idéia em outras palavras – sinonímia.
- descrever as coisas de modo que pareçam se passar sob nossos olhos – hipotipose.
- insistir em certos tópicos, apesar de já entendidos pelo auditório – repetição.
- perguntar sobre algo, quando já se conhece a resposta – interrogação retórica. (DAYOUB, op. cit.)

Na teoria de Perelman, as **figuras de retórica** renovam o resultado persuasivo e argumentativo na apresentação dos dados de um discurso, derivando-se assim dos efeitos de **escolha**, **presença** e **comunhão**. As **figuras de escolha** objetivam impor ou sugerir uma escolha, as de **presença** visam avivar a presença e as de **comunhão** buscam uma identificação com o auditório.

Alguns tipos de figuras na Nova Retórica		**Algumas manifestações**
Escolha Sugere ou impõe uma escolha.	Sinédoque Metonímia	Designa um termo pelo nome de outro termo que tem com o primeiro uma relação de contiguidade. Utilizar "os mortais" em lugar de "os homens" é uma maneira de chamar atenção para uma característica particular dos homens.
	Antonomásia	Espécie de sinédoque que consiste em tomar um nome próprio por um nome comum ou um nome comum por um próprio: "os netos do Africano" para "os Gracos" pode tender a esse objetivo (PERELMAN; OLBRECHTS-TYTECA, 2005 [1958], p. 197).
	Correção	Quando se substitui uma palavra por outras, com intuito retificador: "Se o acusado houvesse pedido aos seus hospedeiros, ou melhor, se lhes houvesse feito apenas um sinal [...]" (*Rhetorica ad Herennium* apud ibid.).
Presença Objetiva tornar presente na consciência o objeto do discurso.	Onomatopeia	Palavra que imita o som natural do que se propõe a significar (cf. PERELMAN; OLBRECHTS-TYTECA, 2005 [1958], p. 198).
	Amplificação	É o desenvolvimento oratório de um assunto, para destacar sua importância. "Teus olhos são formados para a imprudência, o rosto para a audácia, a língua para os perjúrios, as mãos para as rapinas, o ventre para glutonaria... os pés para a fuga: logo, tu és toda malignidade" (VICO apud ibid., p. 199).
	Repetição	É uma das mais simples figuras que buscam aumentar o sentimento de presença: pode agir diretamente, ou também acentuar o fracionamento de algum acontecimento complexo em episódios detalhados.
	Sinonímia Metábole	É o uso de sinônimos. Um tipo de repetição de uma mesma ideia mediante termos diferentes. Sugere uma correção progressiva. "Va, cours, vole et nous venge" [Vai, corre, voa e nos vinga] (CORNEILLE apud PERELMAN; OLBRECHTS-TYTECA, 2005 [1958], p. 200).
	Enálage de tempo	Substitui um tempo por outro, com o objetivo de aumentar o efeito de presença: "'Se falas, morres' sugere que a consequência ocorrerá instantaneamente, no momento em que se transgride a injunção" (PERELMAN; OLBRECHTS-TYTECA, 2005 [1958], p. 200).
Comunhão Empenha-se em fazer o auditório participar ativamente da exposição do orador	Alusão	É uma breve menção a algo ou alguém. "[...] A alusão aumenta o prestígio do orador que possui e sabe utilizar tais riquezas (PERELMAN; OLBRECHTS-TYTECA, 2005 [1958], p. 201).
	Citação	É quando apoia o que se diz com o peso de uma autoridade.
	Enálage da pessoa ou do número	Permutação do "eu" ou do "ele" pelo "tu", do "tu" por "nós" etc. Faz com que o ouvinte se coloque, se julgue, diante da situação apresentada. Ressalte-se ainda que "'vós', 'nós', 'eu' são etapas pelas quais o orador se assimila aos seus ouvintes.
	Apóstrofe	É uma interpelação direta. Não visa nem a informação nem o acordo. O orador pede ao próprio juiz ou ao adversário que reflita sobre a situação que está sendo exposta.
	Interrogação oratória	É um questionamento do qual a resposta já é de conhecimento do orador.

Na Nova Retórica, é também construído um sistema de análise para a identificação de tipos de argumentos, denominados **técnicas argumentativas**. Com esse sistema, é possível classificar um argumento, compreendendo-se, sobretudo, sua eficiência para os enunciados que compõem um discurso.

3.6 Técnicas argumentativas

As técnicas argumentativas são categorizadas pela teoria perelmaniana em **processos de ligação** e **de dissociação**.

Processos de ligação são os esquemas que visam à aproximação de elementos distintos, estabelecendo laços de solidariedade, procuram situar uma ligação entre as **premissas** do **orador** e a **tese** apresentada. São divididos em: **argumentos quase-lógicos**, **argumentos baseados estrutura do real** e **argumentos que fundamentam a estrutura do real**.

Os **processos de dissociação** ocorrem quando há a distribuição de uma ideia em outras partes, para que seja evitada uma incompatibilidade no discurso. Ou seja, é a recusa da existência de uma ligação, a fim de que tal incompatibilidade não seja caracterizada. São as técnicas de ruptura. Essas técnicas visam dissociar, separar, desunir elementos considerados um todo, ou conjunto solidário dentro de um mesmo sistema de pensamento.

A Nova Retórica esclarece ainda que, apesar de os esquemas argumentativos terem sido didaticamente separados, um mesmo enunciado poderia traduzir vários esquemas, que podem atuar simultaneamente sobre o espírito de diversas pessoas, ou sobre um único ouvinte. Desse modo, deixar de compreender os esquemas das técnicas argumentativas como integrantes de um conjunto, de um contexto argumentativo incorre em engano. Os grupos de esquemas argumentativos não devem ser vistos como entidades isoladas.

ARGUMENTOS QUASE-LÓGICOS. O **argumento quase-lógico** busca alcançar validade, partindo do seu aspecto racional. É construído com base em princípios lógicos, formais ou matemáticos. Apesar de lembrar a estrutura lógico-formal, não possui o mesmo rigor ou o mesmo valor conclusivo, já que é impossível extirpar da linguagem natural a ambiguidade, o que caracteriza a possibilidade de contestação e interpretação. Essa é a principal distinção entre a **demonstração lógica** e o **argumento quase-lógico**. Ao passo que a demonstração lógica é passível de verificação para todos os casos, e seus enunciados são perfeitamente unívocos, tornando quaisquer contradições indiscutíveis, o que está em jogo no argumento quase-lógico não é a confirmação de algo verificável por uma experimentação cujo resultado leva a conclusões **certas** ou **erradas**, **verdadeiras** ou **falsas**. No argumento quase-lógico, há uma falta de precisão e de rigor, que propõe configurar correlações argumentativas mais ou menos plausíveis, objetivando a adesão de um auditório.

ARGUMENTOS QUASE-LÓGICOS	
Alguns tipos de Argumentos Quase-lógicos	**Conceitos e exemplos**
Incompatibilidade	Enquanto, num sistema lógico-formal ou matemático, uma **contradição** é mortal para a demonstração, na argumentação, como não há a univocidade da linguagem, o que é estabelecido é uma **incompatibilidade**. Por exemplo, no caso da expressão "não nos banhamos duas vezes no mesmo rio" (HERÁCLITO apud JAPIASSU; MARCONDES, 1996, p. 125), há somente uma contradição aparente, que desaparece no momento em que são feitas duas interpretações distintas: o "mesmo rio" pode significar suas próprias margens, que serão sempre as mesmas, e suas águas, que serão sempre diferentes. Por isso, na teoria de Perelman, é posto que, na argumentação, nunca estamos diante de uma **contradição** propriamente dita, mas diante de uma **incompatibilidade**, que consiste de duas asserções, entre as quais, o auditório decidirá por uma, a menos que renuncie a ambas.
Ridículo	Ocorre quando uma afirmação entra em conflito com o que é aceito. Ao ser considerado incompatível, não pode ser acusado de absurdo, como na demonstração, mas sim, de um argumento ridículo. Ao ressaltar uma incompatibilidade, é revestido pela **figura da ironia**, pois cria uma situação estapafúrdia condensada pelo riso.
Identificação	A identidade de um objeto puramente formal é cunhada na evidência ou é instituída arbitrariamente, não sendo portanto suscetível de controvérsias. Fato este que não ocorre com as **identificações**, cujo lugar é assentado na linguagem natural e de uso corrente. O procedimento mais característico da **identificação** está no uso das **definições**, que, ao não fazerem parte de um sistema lógico ou formal, pretendem identificar o *definiens* com o *definiendum*. Portanto, é o uso argumentativo da identificação, quando o termo definido (*definiens*) e a expressão que o define (*definiendum*) são recíprocos, intermutáveis, Se queremos definir logicamente uma janela, podemos começar, dizendo o seu gênero: *janela é uma abertura na parede*. Mas se ficarmos somente nisso, não teremos uma definição. Afinal, uma porta também é uma abertura na parede. Devemos, portanto, acrescentar diferenças entre essa abertura e outras possíveis. Diremos então: *janela é uma abertura na parede em uma altura superior ao solo*. Mas um orifício feito com uma broca pode ser também uma abertura na parede em uma altura superior ao solo. Devemos, portanto, explicar outras diferenças, dizendo, finalmente, *que uma janela é uma abertura ampla numa parede, em uma altura superior ao solo, com a finalidade de iluminação e ventilação* (ABREU, 2005, p. 56).
Analiticidade	"Estando admitida uma definição, pode-se considerar analítica a igualdade estabelecida entre as expressões declaradas sinônimas; mas essa analiticidade terá, no conhecimento, o mesmo estatuto que a definição da qual depende" (PERELMAN; OLBRECHTS-TYTECA, 2005 [1958], 243). Sobre esse aspecto, os tratadistas destacam que J. Wisdom distinguiu três espécies de análises: **material**, **formal** e **filosófica**. **Análise material** – "'A é descendente de B' significa que 'A é filho ou filha de B'" (ibid.); **análise formal** – "'O rei da França é calvo' equivale a 'há um ser, e um só, que é rei da França e que é calvo'" (ibid., p. 244). **Material e formal** são, portanto, análises que se estabelecem em um mesmo nível, ao passo que a **análise filosófica** é tida como direcional, pois é dirigida a certo sentido, conduzindo a fatos fundamentais ou, como observa Wisdom, a dados sensoriais. Isso é notado no seguinte caso: "'A floresta é muito densa' equivale a 'as árvores dessa região são muito próximas uma da outra'" (ibid.). É salientado ainda que, no sentido em que se opera numa certa direção, toda análise é **direcional**, já que sua escolha é determinada pela busca de **adesão** do **auditório**.

Alguns tipos de Argumentos Quase-lógicos	Conceitos e exemplos
Regra de justiça	É quando o argumento fundamenta-se no tratamento idêntico a seres ou situações de uma mesma categoria. Aplica-se uma regra que corresponde à crença de que é razoável agir, em situações parecidas, da mesma forma que anteriormente, caso não sejam levantadas razões para praticar tratamentos diferentes. No entanto, se o tratamento não for o mesmo, o comportamento será injusto, por se estar diante de situações semelhantes. Esse é o caso das sentenças dos tribunais de justiça embasadas na jurisprudência, sendo esta uma interpretação reiterada da lei, para decisões proferidas num mesmo sentido, sobre uma determinada matéria cujo conteúdo se assemelha ao de matérias já julgadas. "A regra de justiça fornecerá o fundamento que permite passar de casos anteriores a casos futuros, ela é que permitirá apresentar sob a forma de argumentação quase-lógica o uso do precedente" (ibid., p. 248).
Reciprocidade	Enquanto a **regra de justiça** permite tratar elementos intercambiáveis sob certo ponto de visto, logo uma redução parcial, a **reciprocidade** visa oferecer o mesmo tratamento a duas situações correspondentes. A reciprocidade realiza a assimilação de situações, por se considerar que certas relações são simétricas. Em lógica formal, por exemplo, uma relação é simétrica quando as proposições relacionadas são idênticas, isto é, uma mesma relação pode ser afirmada tanto entre *a* e *b* e como entre *b* e *a*, logo, a ordem do antecedente pode ser invertida sem que o resultado seja influenciado. Nessa linha, no **argumento de reciprocidade** há o princípio de que deve haver a igualdade de tratamento. "A simetria é suposta o mais das vezes pela própria qualificação das situações" (ibid., p. 251). Na Nova Retórica, é citada a expressão de Quintiliano segundo a qual os mesmos gêneros das proposições são confirmados mutuamente: "O que é honroso aprender, também é honroso ensinar" (QUINTILIANO apud ibid.). É ainda citado que algumas regras morais se estabelecem em função da simetria, como o elogio de Isócrates aos atenienses: "Exigem de si mesmos, para com seus inferiores, os mesmos sentimentos que reclamavam de seus superiores" (ISÓCRATES apud PERELMAN; OLBRECHTS-TYTECA 2005 [1958], p. 252).
Transitividade	O recurso da **transitividade** é "[...] uma propriedade formal de certas relações que permite passar da afirmação de que existe a mesma relação entre os termos *a* e *b* e entre os termos *b* e *c*, à conclusão de que ela existe entre os termos *a* e *c* (...)" (ibid., p. 257). Trata-se portanto do silogismo retórico, no qual são encontradas as relações transitivas de igualdade, de superioridade, de inclusão, de ascendência. Por exemplo, na expressão "os amigos de meus amigos são meus amigos" (REBOUL 2004, p. 170), há uma relação de transitividade que pode até ser desenvolvida algebricamente: "+ x + = + Os amigos de meus amigos são meus amigos. + x - = - Os amigos de meus inimigos são meus inimigos. – x + = - Os inimigos de meus amigos são meus inimigos. - x - = + Os inimigos de meus inimigos são meus amigos" (ibid., p. 171). Perelman e Olbrechts-Tyteca (op. cit., p. 259) explicam que "o uso de relações transitivas é inestimável nos casos em que se trata de ordenar seres, acontecimentos, cuja confrontação direta não pode ser efetuada". É o caso de certas relações como **maior que, mais perto que, mais extenso que**. Elas são reconhecidas por meio de suas manifestações transitivas. "Assim, se o jogador *A* venceu o jogador *B* e se o jogador *B* venceu o jogador *C*, considera-se que o jogador *A* é superior ao jogador *C*" (ibid., p. 60).
Inclusão	Recurso argumentativo que, normalmente, é tratado sob um ângulo quantitativo, limitando-se a mostrar a inclusão de partes num todo: "o todo engloba a parte e, por conseguinte, é mais importante que ela; em geral o valor da parte será considerado proporcional à fração que ela constitui com relação ao todo". O que vale para o todo, portanto, valerá para a parte, como é verificado na passagem de Locke: "Nada do que não é permitido pela lei a toda a Igreja, pode, por algum direito eclesiástico, tornar-se legal para algum de seus membros" (LOCKE apud PERELMAN; OLBRECHTS-TYTECA, op. cit., p. 262).

Alguns tipos de Argumentos Quase-lógicos	Conceitos e exemplos
Divisão	É proporcionada, em princípio, pelos resultados de operações de adição, de subtração e de suas combinações. Normalmente, tendem a provar a existência ou inexistência de uma das partes. Um mesmo enunciado pode ser entendido como um argumento da divisão ou da amplificação: "provar que uma cidade está inteiramente destruída, a alguém que o nega, pode ser feito com a enumeração exaustiva dos bairros danificados. Mas se o ouvinte não contesta o fato ou não conhece a cidade, a mesma enumeração será figura argumentativa de presença" (PERELMAN; OLBRECHTS-TYTECA 2005 [1958], p. 267).
Comparação	Ocorre quando na argumentação utiliza-se um sistema de pesos e medidas sem que seja efetivamente executada uma pesagem ou medição. Na Nova Retórica, são expostas as expressões: "Suas faces são vermelhas como maçãs", "Paris tem três vezes mais habitantes do que Bruxelas", "Ele é mais belo do que Adônis" (ibid., p. 274). O objetivo aqui evidenciado não é o de informar, mas sim o de impressionar. São comparadas realidades entre si, o que é, segundo os tratadistas, muito mais suscetível de prova do que meramente um juízo de analogia ou de semelhança. "Tal impressão deve-se ao fato de a ideia de medição estar subjacente nesses enunciados, mesmo que qualquer critério para realizar efetivamente a medição esteja ausente; por isso os argumentos de comparação são quase-lógicos" (ibid.). Os argumentos de **comparação** diferem do confronto de valores realmente mensuráveis, como na demonstração formal; no entanto, é justamente sua aproximação com as estruturas matemáticas que oferece grande parte de sua potência persuasiva, como, por exemplo, comparar o mais pesado, o mais leve, o de maior grau de instrução.
Sacrifício	É aquela que está na base de todo sistema de trocas, como no escambo, na venda ou no contrato de prestação de serviços. Porém, não é reservada apenas ao campo econômico. Há uma "pesagem" em que dois termos se determinam entre si. É, por exemplo, a argumentação utilizada pelo alpinista, ao se perguntar se está pronto para fazer o esforço necessário para escalar uma montanha – ressalta-se o que tem de suportar para que certo resultado seja alcançado. Sendo assim, o aspecto quase-lógico é marcado quando, para valorizar uma decisão, transforma-se a outra opção em meio apto para produzi-la e medi-la, como é observado na passagem de Isócrates, no *Panegírico de Antenas*: "Em minha opinião, foi algum deus que fez nascer essa guerra, por admiração pela coragem deles, para impedir que tais naturezas ficassem desconhecidas e que eles acabassem a vida na obscuridade" (ISÓCRATES apud PERELMAN; OLBRECHTS-TYTECA 2005 [1958], p. 286).
Probabilidade	"Se duas pessoas reclamam certa soma, esta será repartida segundo as probabilidades de seus direitos" (PERELMAN; OLBRECHTS-TYTECA, op. cit., p. 293). Nesse caso, é a "esperança matemática" sendo aplicada aos problemas de jurisprudência. "O raciocínio é fundamentado numa certa concepção do que é equitativo, a qual está longe de ser admitida, pois, habitualmente, a soma inteira será concedida àquele cujas pretensões parecem mais bem fundamentadas" (ibid.). É o tipo de argumentação quase-lógica baseada em grandeza de variáveis e frequência de acontecimentos. Em um plano mais técnico, com os argumentos de **probabilidades**, é possível mostrar, de forma mais acentuada, a complexidade de elementos a serem considerados em um discurso, como: "grandeza de um bem, probabilidade de adquiri-lo, amplitude da informação na qual se baseia essa probabilidade, grau de certeza com que sabemos que algo é um bem" (ibid., p. 294).

ARGUMENTOS BASEADOS NA ESTRUTURA DO REAL. Os **argumentos baseados na estrutura do real** se aproximam da experiência; não se apoiam na racionalidade da lógica e da demonstração, como os **argumentos quase-lógicos.** São desenvolvidos a partir do que o auditório acredita como sendo real, estão baseados naquilo que é entendido pelo auditório por **fatos**, **verdades** e **presunções.** Entretanto, apesar de estarem ligados a vários elementos da realidade, não estão diretamente associados à descrição objetiva de **fatos**, mas, sim, às suas opiniões ou pontos de vista relacionados (cf. DAYOUB, 2004; ABREU, 2005; REBOUL, 2004). O que interessa não é uma descrição objetiva do real, mas, a maneira pela qual se apresentam as opiniões a ele concernentes, podendo ser tratadas, como **fatos**, **verdades** ou **presunções.**

Os **argumentos baseados na estrutura do real** são divididos em **ligações de sucessão** e **ligações de coexistência.** As **ligações de sucessão** relacionam fenômenos de nível idêntico, dizem respeito à relação de causa e efeito, ligam um acontecimento às suas consequências, meio e fim. As **ligações de coexistência** envolvem duas realidades de nivelação desigual, de ordens diferentes, em que uma é a essência e a outra é sua respectiva manifestação.

Não há garantia de que os tipos de ligação sejam sempre percebidos da mesma maneira pelo orador ou por seu auditório, já que a riqueza do pensamento vivo é infinita e que de um tipo de ligação a outro, há diferenças sutis, influências.

ARGUMENTOS BASEADOS NA ESTRUTURA DO REAL	
Ligações de sucessão: baseiam-se na ideia de que existe um vínculo causal para um fenômeno ou acontecimento	
Argumento pragmático	É "aquele que permite apreciar um ato ou um acontecimento consoante suas consequências favoráveis ou desfavoráveis" (PERELMAN; OLBRECHTS-TYTECA, 2005 [1958], p. 303). O valor de uma **tese** é atribuído aos resultados originados pela sua adoção. Um orador, por exemplo, pode argumentar que o emprego da pena de morte (causa) erradicaria a criminalidade (efeito), ou que a legalização do aborto (causa) diminuiria a pobreza (efeito). Portanto, um uso característico é o de que consiste em propor o sucesso como resultado válido às suas proposições. Os tratadistas observam que esse aspecto é comum a muitas religiões, quando apontam a felicidade como justificativa de suas teorias (cf. ibid., p. 305). Entretanto, o **argumento pragmático** só poderá se desenvolver a partir do **acordo** do **auditório** sobre a validade de suas consequências (cf. ibid., p. 304). Por exemplo, "[...] quem é acusado de ter cometido uma má ação pode esforçar-se por romper o vínculo causal e por lançar a culpabilidade em outra pessoa ou nas circunstâncias" (ibid., p. 303). Assim, ao se inocentar, o acusado terá transferido o vínculo causal do juízo desfavorável e a validade das consequências não mais sobre ele recairá.

Argumento do desperdício	Refere-se à execução de algo em função do seu aproveitamento, um voto útil para terminar o que já começou. Perelman e Olbrechts-Tyteca (op. cit., p. 317) explicam que esse argumento "[...] consiste em dizer que, uma vez que já começou uma obra, que já aceitaram sacrifícios que se perderiam em caso de renúncia à empreitada, cumpre prosseguir na mesma direção". É o que ocorre quando um universitário resolve abandonar a faculdade no último período e se argumenta que tal atitude não vale a pena, tendo em vista todo o esforço já empenhado durante tanto tempo; ou quando se declara "(...) que é preciso continuar a guerra porque, caso contrário, todos os mortos teriam tombado em vão" (REBOUL, 2004, p. 175).
Argumento da superação	É o argumento que insiste na possibilidade de ir sempre mais adiante em um certo sentido, sem um limite determinado, e isso com um crescimento contínuo de valor. Cada situação apresentada servirá de ponto de referência, uma espécie de trampolim, que permitirá prosseguir numa certa direção. Destaca-se o uso das figuras **hipérbole** e **lítotes**. A **hipérbole** dá ao discurso o elemento de exagero. "Sua função é fornecer uma referência que, numa dada direção, atrai o espírito, para depois obrigá-lo a retroceder um pouco, ao limite extremo do que lhe parece compatível com a sua ideia do humano, do possível, do verossímil, com tudo o que ele admite de outro ponto de vista" (PERELMAN; OLBRECHTS-TYTECA, 2005 [1958], p. 331). Seu emprego é, por exemplo, encontrado na passagem citada por Quintiliano, da *Eneida*, de Virgílio: "Dois picos gêmeos ameaçam o céu" (Quintiliano apud ibid.). A figura da **lítotes**, geralmente, é definida como o contraste da **hipérbole**: sua expressão parece enfraquecer o pensamento, ou seja, para estabelecer um valor, se apoia aquém deste e não na sua superação (cf. PERELMAN; OLBRECHTS-TYTECA, op. cit., p. 332). "O mais das vezes, a lítotes se exprime por uma negação" (ibid.), como em "ele não é nada bobo" (na verdade, ele é muito esperto). Segundo Charaudeau e Maingueneau (2006, p. 308), "como a hipérbole, o funcionamento da lítotes tem algo de *paradoxal*, uma vez que o sentido verdadeiro do enunciado deve ser reconhecido pelo destinatário, sem que seja, para isso, totalmente obliterado seu valor literal, valor sobre o qual repousa o efeito de atenuação do procedimento".
Ligações de coexistência: unem duas realidades de nível desigual, uma mais explicativa,mais fundamental do que a outra	
Argumento sobre as pessoas e seus atos	É quando tudo o que se diz sobre uma pessoa toma por base a estabilidade observada no conjunto de seus atos; logo, reconhece-se que os atos por ela transmitidos contribuem para a construção de uma boa ou má reputação. O caráter de uma pessoa é percebido conforme os atos por ela praticados.
Argumento de autoridade	É sustentado pelos "[...] atos ou juízos de uma pessoa ou de um grupo de pessoas como meio de prova a favor de uma tese" (PERELMAN; OLBRECHTS-TYTECA, 2005 [1958], p. 348). O argumento é então influenciado pelo prestígio da pessoa citada, pois "a palavra de honra, dada por alguém como única prova de uma asserção, dependerá da opinião que se tem dessa pessoa como homem de honra [...]" (ibid., p. 347). O testemunho será mais sério quanto mais importante for a autoridade mencionada. Esse é o argumento utilizado amplamente nos testemunhais publicitários e em trabalhos dissertados pela comunidade científica e acadêmica.

ARGUMENTOS QUE FUNDAMENTAM A ESTRUTURA DO REAL. Os **argumentos que fundamentam a estrutura do real** não se apoiam em sua estrutura, "criam-na; ou pelo menos a completam, fazendo que entre as coisas apareçam nexos antes não vistos, não suspeitados" (REBOUL, 2004, p. 181). Produzem seus efeitos de forma semelhante à indução. Para tanto, pode ser utilizado o recurso voltado ao **caso particular** e do **raciocínio por analogia**.

ARGUMENTOS QUE FUNDAMENTAM A ESTRUTURA DO REAL	
Caso Particular	
Exemplo	É o argumento que permite uma generalização; a passagem de um caso particular para o geral. Em Aristóteles, o **exemplo** já havia sido enquadrado como elemento de indução retórica. Para Perelman e Olbrechts-Tyteca (2005 [1958], p. 402), independentemente do argumento que se desenvolva, "o exemplo invocado deverá, para ser tomado como tal, usufruir de estatuto de fato, pelo menos provisoriamente; a grande vantagem de sua utilização é dirigir a atenção a esse estatuto". É então tomado como um termo generalizante que possui a capacidade de conferir fundamentação a um argumento, por meio do estabelecimento de uma regra ou predição, possui um caráter de prova para tornar o discurso mais convincente.
Ilustração	"A ilustração difere do exemplo em razão do estatuto da regra que uma e outro servem para apoiar" (PERELMAN; OLBRECHTS-TYTECA, op. cit., p. 407). O **argumento da ilustração** é então usado para elucidar, clarificar uma regra já estabelecida como exemplo. Assim, o **exemplo** é um argumento mais ambicioso que a **ilustração**, pois, se o primeiro permite uma passagem do caso particular para o geral, o que se espera do segundo é impressionar o auditório com o objetivo de reforçar a adesão sobre a validade da regra já concebida. Ou seja, normalmente, o **exemplo** precisa ser aceito como tal, para assim dar credibilidade a uma regra; já a **ilustração** é sustentada pela regra previamente aceita. Destarte, "enquanto os exemplos servem para provar a regra ou determinar uma estrutura, as ilustrações equivalem à amostra e têm como função tornar a regra mais clara" (DAYOUB, 2004, p. 63).
Modelo	Consiste na imitação de um caso particular, geralmente uma pessoa que revele inquestionável prestígio. Para Reboul (2004, p. 182), "o modelo é mais que exemplo; é um exemplo dado como algo digno de imitação". "Podem servir de modelo pessoas ou grupos cujo prestígio valoriza os atos. O valor da pessoa, reconhecido previamente, constitui a premissa da qual se tirará uma conclusão preconizando um comportamento particular" (PERELMAN; OLBRECHTS-TYTECA, op. cit., p. 414). É um argumento que encontra grande afinidade com o **argumento de autoridade**, **baseado na estrutura do real**, pois o prestígio da pessoa que se pretende imitar surge como elemento persuasivo da ação proposta.
Antimodelo	O *argumento pelo antimodelo* consiste no inverso do *modelo*. Se o modelo conduz à imitação de uma conduta, o antimodelo provoca a ação contrária: é aquilo que deve ser evitado.
Raciocínio por analogia	
Analogia	É o argumento que permite encontrar e provar uma verdade por meio de semelhanças de relações. Os tratadistas apresentam a analogia como uma similitude de estruturas, a qual a fórmula mais genérica é *A* está para *B* assim como *C* está para *D*. Na Nova Retórica, os termos A e B são denominados **tema** e C e D são chamados de **foro**. **Tema** é aquilo que se quer provar e **foro** é o que serve para provar. Dessa forma, a seguinte analogia é revelada na passagem aristotélica: "assim como os olhos dos morcegos são ofuscados pela luz do dia, a inteligência de nossa alma é ofuscada pelas coisas mais naturalmente evidentes". Nesse caso, tem-se: **Tema:** A: a inteligência de nossa alma B: ofuscada pelas coisas mais naturalmente evidentes **Foro:** C: os olhos dos morcegos são ofuscados D: pela luz do dia "O foro é em geral retirado do domínio sensível e concreto, apresentando uma relação que se conhece por verificação. O tema é em geral abstrato, e deve ser provado" (REBOUL, 2004, p. 185). "Normalmente, o foro é mais bem conhecido que o tema cuja estrutura ele deve esclarecer, ou estabelecer o valor, seja valor de conjunto, seja valor respectivo dos termos" (PERELMAN; OLBRECHTS-TYTECA, op. cit., p. 438).

Metáfora	A metáfora é um argumento justamente por condensar uma analogia. Ela argumenta ao estabelecer contato entre dois campos heterogêneos: "o segundo, o foro, introduz no primeiro uma estrutura que não aparecia à primeira vista. Mas é redutora por ressaltar um elemento comum em detrimento dos outros, por ressaltar uma semelhança mascarando diferenças" (REBOUL, op. cit., p. 188). Assim, na já citada passagem de Aristóteles, "a velhice é para a vida o que a tarde é para o dia" (Aristóteles [384-322 a.C.], 2004, *Poética*, XXI), quando condensada na metáfora "a velhice é a tarde da vida", ter-se-á a seguinte analogia subjacente: **Tema:** A: a velhice B: a vida **Foro:** C: a tarde D: o dia Dessa forma, baseando-se na exemplificação de Reboul (op. cit., p. 187), a **metáfora** construída condensa a **comparação** (*símile*) "a velhice é como a tarde da vida", que, por sua vez, é naturalmente explicitada na analogia "a velhice é para a vida o que a tarde é para o dia". Portanto, a **metáfora**, ao condensar termos heterogêneos da comparação ou da analogia, ganha intensidade argumentativa. Surge como um recurso mais convincente, justamente por ser mais redutora. Perelman e Olbrechts-Tyteca (op. cit., p. 453) citam Quintiliano, dizendo que a **metáfora** é um tropo, ou seja, "uma mudança bem-sucedida de significação de uma palavra ou de uma locução"; em seguida citam Dumarsais, colocando que a **metáfora** "seria mesmo o tropo por excelência". Reboul (op. cit., p. 188) expressa que a **metáfora** é a figura que fundamenta a estrutura do real. Portanto, à metáfora é creditada uma relevância em relação a outras figuras. Como assinala Umberto Eco (1994, p. 200), falar da **metáfora** é falar da atividade retórica em toda a sua complexidade; pois, para Eco, é a partir da **metáfora** que se fundam tantos outros tropos. Não obstante que, na Nova Retórica, a **metáfora** pode assumir aplicabilidades de figuras de **escolha**, **presença** e **comunhão**.

ARGUMENTOS POR DISSOCIAÇÃO. Os argumentos compostos pela **dissociação** das noções ocorrem quando uma ideia é dividida com o intuito de solucionar incompatibilidades do discurso. Dessa forma, a dissociação se apresenta como uma técnica de ruptura que, ao negar a existência de uma ligação, remove e evita tal ideia de incompatibilidade. Essa técnica consiste na apresentação de **pares filosóficos**, sendo que os tratadistas consideram como protótipo de toda dissociação nocional o par filosófico "aparência-realidade", donde, por comodidade de análise e possibilidade de generalização de seu alcance na Nova Retórica, o vocábulo **aparência** é designado como "termo I" e **realidade**, como "termo II". Isso posto, "aparência/realidade" é igual a "termo I/termo II".

> O termo I corresponde ao aparente, ao que se apresenta em primeiro lugar, ao atual, ao imediato, ao que é conhecido diretamente. O termo II, na medida em que se distingue dele, só é compreendido em relação ao termo I; é o resultado de uma dissociação, operada no seio do termo I, visando eliminar as incompatibilidades que podem surgir entre aspectos deste último (PERELMAN; OLBRECHTS-TYTECA, 2005 [1958], p. 473.)

Para a teoria perelmaniana, a distinção entre aparência e realidade, tratadas, respectivamente, como "termo I" e "termo II", surgiu de certas incompatibilidades entre as aparências, de modo que estas não poderiam mais ser consideradas expressões da realidade, caso se partisse da hipótese de que todos os aspectos do real são compatíveis entre si. Desse modo, a partir do par filosófico aparência/realidade, surgem vários outros pares, comuns ao pensamento ocidental, como: meio/fim, consequência/fato ou princípio, ato/pessoa, acidente/essência, ocasião/causa, relativo/absoluto, subjetivo/objetivo, multiplicidade/unidade, normal/norma, individual/universal, particular/geral, teoria/prática, linguagem/pensamento e letra/espírito.

Há certos enunciados que, por si só, já incentivam uma dissociação e contribuem para ressaltar os argumentos de pares filosóficos, como é o caso das expressões paradoxais. A exigência de uma dissociação será resultante da oposição de uma palavra ou expressão, que é normalmente considerada seu sinônimo. Como na passagem de Panisse: "Morrer, para isso eu não ligo. Mas o que me dá pena é deixar a vida" (PAGNOL apud PERELMAN; OLBRECHTS-TYTECA, op. cit., p. 503). O *paradoxismo* se dá, portanto, pela formulação de uma aliança de palavras que parecem excluir-se mutuamente. É quando se faz "uma afirmação contrária à crença estabelecida" (TRINGALI, 1988, p. 139).

ARGUMENTOS POR DISSOCIAÇÃO	
Poliptoto	Consiste no "uso da mesma palavra em suas várias formas gramaticais" (PERELMAN; OLBRECHTS-TYTECA, 2005 [1958], p. 504), como em "nunca *supus*, nunca *supunha* que as flores fossem como são" (TRINGALI, 1988:, p. 129).
Antimetátese/ Antimetábole	É "a repetição em duas frases sucessivas das mesmas palavras numa relação inversa, às vezes confundida com a comutação" (PERELMAN; OLBRECHTS-TYTECA op. cit.). A **antimetábole** é a figura de retórica encontrada na famosa expressão "o homem deve comer para viver e não viver para comer".
Antítese	Muitas são as "[...] aplicações da definição dissociadora pelo fato de elas se oporem ao sentido normal, que se poderia crer único, um sentido que seria mais o de um termo II". Os tratadistas citam um exemplo que VICO toma de Cícero: "Esta é, não lei escrita, mas natural." [15]

A partir de Perelman, delineou-se uma nova concepção de Retórica. Voltada para o campo da argumentação, a Retórica toma nova abordagem tanto teórica como de ferramental metodológico de construção e análise de mensagens.

A análise das capas de revistas, proposta anteriormente, representa exemplos da aplicação do Tratado da Argumentação como ferramental metodológico para uma Retórica do Design Gráfico.

15 VICO, *Instituzioni oratorie*, p.150 (CÍCERO, Pro Milone) apud Perelman e Olbrechts-Tyteca (2005 [1958], p. 508).

Época/IstoÉ/Veja: um caso em destaque

4

Cada revista, como qualquer veículo de divulgação, desenvolve o seu próprio design gráfico, que caracteriza a linha de atuação e de pensamento editorial. Os discursos textual e estético-visual obedecem a essa linha de ação. Os elementos estéticos e visuais da composição gráfica de uma capa ou página de revista possuem a força de atuar sobre o discurso textual e podem por si só compor um novo discurso complementar ou paralelo. As imagens podem amplificar ou restringir seu discurso. Até as palavras dispostas graficamente ganham um peso semântico diferenciado em seu argumento.

Os estudos sobre a linguagem do Design Gráfico ensejam amplificar a verificação do intuito comunicacional das políticas editoriais das revistas, considerando a estrutura visual e o apelo persuasivo daí consequente.

4.1 A caricatura como argumento

Na semana que antecipou o primeiro turno das eleições, que ocorreria em 1º de outubro, o assunto foi a crise no Governo, gerada pela suposta operação de fabricação e compra de um dossiê com denúncias contra o candidato a governador de São Paulo, então líder nas pesquisas de intenção de voto, José Serra (PSDB). Integrantes do PT foram acusados de envolvimento direto ou indireto com o caso.

As notícias daquele momento questionavam como o presidente não sabia da deflagração do escândalo, se havia o envolvimento de amigos tão próximos; qual o impacto que seria causado à eleição e à campanha de Lula e quais as consequências e desdobramentos do escândalo após as eleições.

Foram publicadas matérias na grande mídia que apresentavam uma posição esquiva do presidente. A edição 1975 de *Veja* destacou que o PT havia disparado "um tiro no pé às portas das eleições": ao tentar influenciar os resultados do pleito estadual paulista, com a compra de um dossiê falso sobre os adversários, a conduta petista lançou o País numa grave crise política.

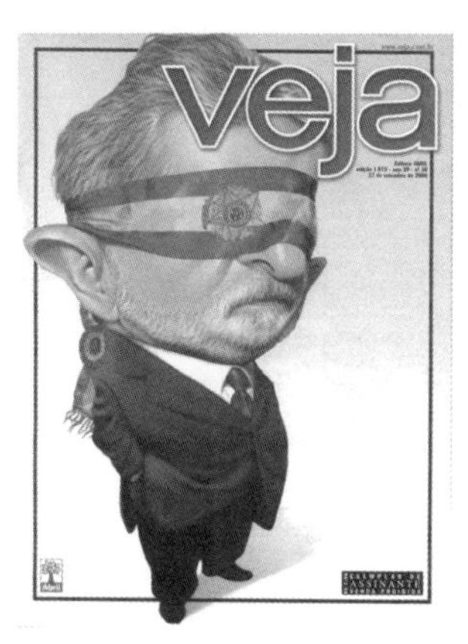

Figura 4.1 – Capa da revista *Veja*, edição n. 1975, de 27 de setembro de 2006.

A revista *Veja* alertava a respeito das consequências legais, pois, com a ratificação das fraudes, a candidatura de Lula poderia ser impugnada. A força argumentativa da capa de *Veja* estava justamente na ausência do uso de imagens tipográficas. A mensagem foi toda apresentada numa base não verbal, inovando em uma representação de Lula, ao utilizar somente uma imagem ilustrativa. Na composição gráfica, além da assinatura marcária de *Veja* e dos elementos periféricos, Lula constituía a única imagem da capa. Nenhuma outra imagem (matérias secundárias, orelhas, testeiras, imagens tipográficas) concorria para alcançar a atenção do auditório[16].

O desenho apresentado na capa é uma caricatura. Busca representar por meio da não convencionalidade, exagerando ou simplificando traços, para revelar ou ressaltar uma possível má qualidade escondida. Projeta uma visão crítica por meio do riso e da reflexão. Para tanto, a caricatura de Lula é fortemente centrada na função referencial[17] da linguagem, sendo ele o seu referente, de quem a revista fala. O presidente não está apenas vendado "pelo poder ou para o poder". Só é permitida uma interpretação plausível, imperiosamente vinculada ao entendimento do contexto vivido no Brasil, durante o processo eleitoral de 2006. Desse modo, a caricatura de Lula toma aspecto de charge política, ao encerrar uma mensagem interpretativa, sintética e expressar opinião, refletindo o posicionamento da revista, à semelhança de um editorial. É exatamente o que o orador[18] (*Veja*) faz na capa. A caricatura em forma de charge compendia e repudia a atitude de Lula, perante os acontecimentos de corrupção relacionados à fraude do dossiê.

Para que o objetivo da mensagem funcione, o orador pressupõe que há um conhecimento prévio do auditório sobre o assunto, o que justifica a ênfase na **função referencial**. A argumentação se inicia pelo **fato** de que, no cenário político brasileiro, houve uma série de escândalos, em que o **Partido dos Trabalhadores (PT)** foi acusado de envolvimento. E, ainda, pela **presunção** de que Lula sabia de todos os acontecimentos relacionados aos escândalos, mas, mesmo assim, não tomou atitude alguma para coibi-los.

O **fato** e a **presunção** compõem o **acordo sobre o real.** Dele, é possível ao auditório, estabelecer o raciocínio entimemático, o qual partiu da **premissa maior** de que houve casos de corrupção na política nacional e da **premissa menor** de que o presidente sabia de todos os acontecimentos, tendo-se esquivado da responsabilidade por não ter podido detê-los. Assim, o auditório é instigado também a julgar os **valores** em que se

16 Adotou-se manter, nas análises das capas, os termos **orador** e **auditório** como definidores daqueles que, respectivamente, codificam e decodificam uma mensagem, um discurso, trabalhando uma Retórica do Design Gráfico. Isso se deve ao fato de serem termos já consagrados pelo aristotelismo e pelo neoaristotelismo, como na Nova Retórica de Perelman, e, inclusive, serem justamente essas linhas teóricas as que fundamentam boa parte da pesquisa em questão. Entende-se que orador e auditório estão em linha, por exemplo, com os conceitos de meios de comunicação de massa (*mass media*) e de público (ou público-alvo) empregados pela área de Comunicação; assim como teorias equivalentes e próximas a respeito do processo comunicacional, a saber: remetente e destinatário (Jakobson, 2005); emissor e receptor (SHANNON e WEAVER, apud RABAÇA e BARBOSA, op. cit., p. 160); fonte e destinatário (Eco, 1976, p. 8).

17 Conforme a teoria de Jakobson (op. cit.), a função referencial é centrada no referente. Sua ênfase está no contexto a que se refere uma mensagem. Marca-se, linguisticamente, com o traço da terceira pessoa do verbo, ou seja, de quem ou do que se fala. É uma função dominante no discurso científico. Outro bom exemplo são os editoriais de jornal: textos verbais bem construídos, com estrutura linear, sintaxe clara, onde, na introdução, apresenta-se uma tese que vai ser defendida.

18 O termo orador é aplicado na análise para referenciar os responsáveis pelos resultados das soluções de design dadas em uma matéria de capa. Pode ser o designer; o profissional responsável pela edição da revista; a própria revista (*Época*, *IstoÉ* e *Veja*);

assenta o *etos* de Lula, o que corresponde ao **acordo sobre o preferível** – o presumível acerca de que a lealdade do presidente, perante a nação, tenha sido desvirtuada. Essas são premissas que sustentam o *logos* da argumentação. Para que esse *logos* seja passado, a Retórica do Design Gráfico **escolhe dados**, apresentados e sustentados na leitura não verbal da imagem de Lula, para fundar a argumentação.

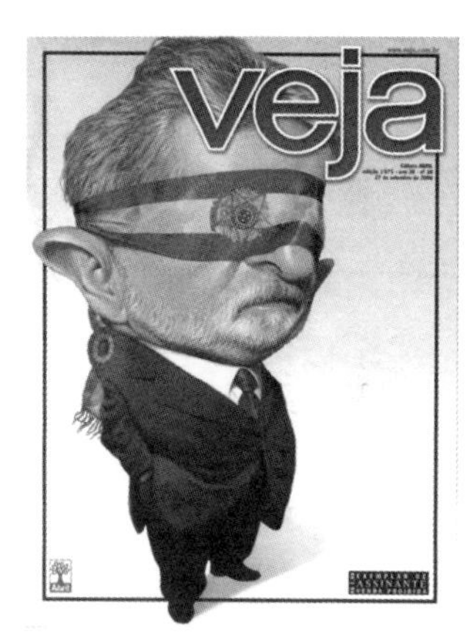

Figura 4.2 – O fundo da capa passa as noções de serenidade e de ausência de informação.

Lula é caricaturado por **signos** que representam o presidente do Brasil. Há a **presença** da faixa verde e amarela, símbolo do Poder Executivo brasileiro. Traja roupa formal, terno azul-escuro, camisa branca e gravata vermelha. Está com as mãos dentro dos bolsos da calça. Os lábios estão fechados e os pés bem-postados ao chão. A aparência é de tranquilidade, despreocupação. O fundo do cenário é a ausência de elementos visuais, em *dégradé* do azul-claro para branco, como um céu. Este **vazio** à volta da charge colabora para uma sensação de placidez.

A caricatura tem, como um de seus princípios, o exagero dos traços fisionômicos. A imagem de Lula é marcada pela desproporcionalidade. Ocupando o maior espaço da composição, o aspecto protuberante da cabeça ressalta a importância para o discurso, reforça a **presença**, ao atuar diretamente sobre a sensibilidade do auditório. Nela é encontrado o efeito retórico da **hipérbole**: o tamanho da cabeça é um elemento visual que abre espaço para evidenciar a manifestação de uma **narrativa imagética**.

Sendo a narrativa "uma mudança de estado operada pela ação de uma personagem" (FIORIN; PLATÃO, 1998, p. 227), o auditório, ao se deparar com um discurso narrativo operado pela imagem de Lula, vai sempre esperar uma conclusão, um desfecho a ser sustentado por aquela imagem fixa. O critério mais determinante é o da narratividade: "a imagem narra antes de tudo, quando ordena acontecimentos representados, quer essa representação seja feita no modo do instantâneo fotográfico, quer de modo mais fabricado, mais sintético" (AUMONT, 2002, p. 246).

O presidente, na charge, está vendado, houve uma ação no decorrer de um determinado período de tempo, um antes sem a venda e um depois, com a venda colocada. Em outro momento, a personagem a teria colocado sobre os olhos. Por fim, pode-se supor outro instante, em que a personagem pôs as mãos nos bolsos, permanecendo calada, como indica sua boca fechada. Os elementos citados, aparentes ao olhar do leitor, conotam esse relato numa tentativa de justificar o porquê de Lula aparentar descompromisso diante dos atos de corrupção

como a organização, como um todo, ao expor ideologicamente uma mensagem (editoras Globo, Três e Abril). Entende-se, pois, que o trabalho do designer está diretamente norteado e alinhado à ideologia das diretrizes da política editorial da organização da qual ele faz parte.

ocorridos no Brasil. Um presidente vendado, não enxerga, não tem poder de visão ou não quer ver as ocorrências de seu governo. A imagem transmite, ainda, não ser qualquer venda que deixa a personagem cega. Esta é o **símbolo** do cargo mais importante do Poder Executivo da democracia presidencialista brasileira, a Faixa Presidencial.

O sentido comunicacional pretendido na narrativa imagética referida na capa suscita do leitor atento algumas questões. Poderia Lula se eximir de tamanha responsabilidade? Mas como tomar uma atitude, se de nada ele sabia? E se não sabia, era por estar ocupado, governando o País? Seria verdadeiro que algo não o deixou saber dos atos de corrupção ocorridos no Brasil, às vésperas das eleições. Em caso afirmativo, teriam sido as vendas do poder?

A Retórica aqui é trabalhada para evidenciar, sem a ancoragem na verbalização de uma imagem tipográfica, o sentido comunicacional pretendido no discurso. O orador, a revista *Veja*, usa uma caricatura em forma de charge política para retoricamente **ironizar** a posição de Lula, que nada fez para coibir atos de corrupção de seus amigos. Por ter optado por não tomar conhecimento, sem comprometer-se, escondendo sua visão sob uma espécie de escudo protetor, que aqui é tomado, **metaforicamente**, pela força simbólica de poder que a Faixa Presidencial e o Selo Nacional nela desenhado emanam.

Veja constrói parte de seu discurso sobre o **argumento quase-lógico do ridículo**. Ao vendar-se perante os problemas, Lula fica sem defesa, sem poder para contra-argumentar, seu ato é incompatível com o *etos* esperado de um presidente da República. É incompatível também com os próprios traços fisionômicos da caricatura: ele poderia até não ter enxergado a corrupção, mas teria ouvido algum comentário sobre a situação. Um **efeito hiperbólico** dá ênfase ao tamanho de suas orelhas, a **presença** agigantada evidencia que, de alguma forma, o presidente poderia saber de algo. A força desses efeitos de **presença** cria no auditório uma predisposição à **adesão** de que a atitude de Lula é equivocada e desastrosa.

A posição da venda é também reveladora. O Brasão da República, símbolo das armas nacionais, presente na faixa presidencial, está disposto justamente sobre o olho direito de Lula e ocupa localização estratégica, que favorece a percepção do auditório, o centro ótico,[19] "ponto localizado cerca de 10% acima do centro geométrico de uma página ou layout" (ABC da ADG, 1998, p. 25).

19 "É o ponto referencial da página que dá ao leitor a ilusão de corresponder ao centro geométrico, mas que, na realidade, fica um pouco acima dele. Essa confusão com o ponto geométrico se dá quando do cruzamento das diagonais" (SILVA, 1985, p. 138).

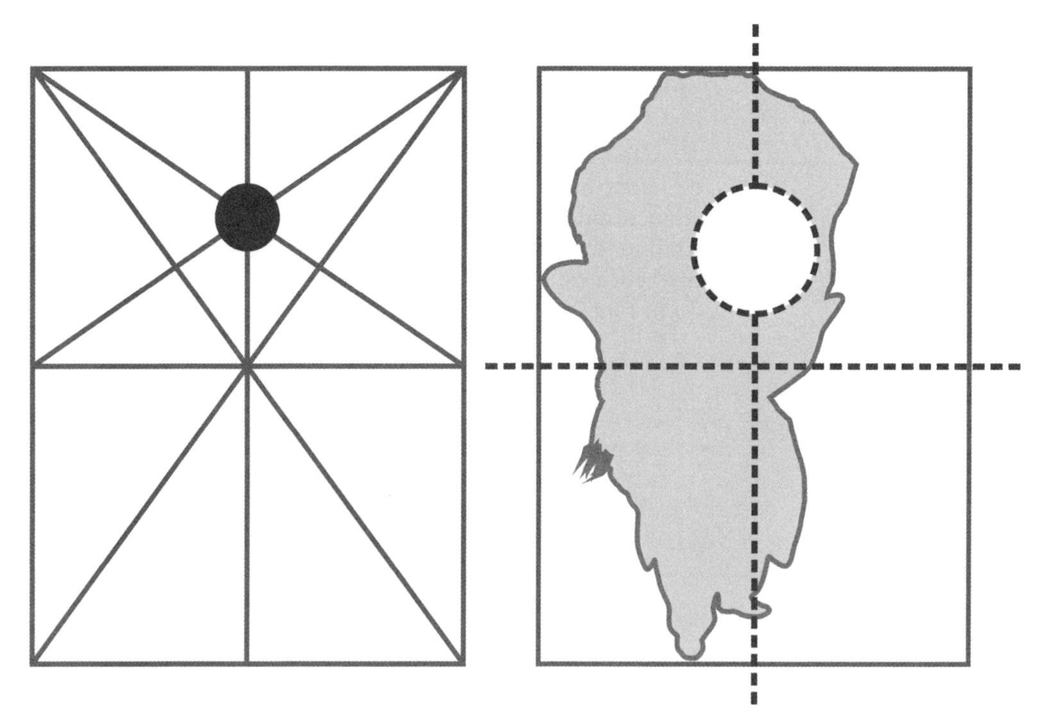

Figura 4.3 – O Brasão da República está posicionado próximo ao centro ótico da composição.

O posicionamento do Brasão reforça sua **presença** no discurso e salienta que Lula não observa os **fatos** políticos, por estar a sua visão obstruída pelo poder. É **presumível** também que a complacência de Lula se deva ao ato de esconder-se atrás desse próprio poder, simbolizado **metaforicamente** pelo Brasão da República. Se em vez da Faixa Presidencial, Lula estivesse vendado por qualquer outro tipo de pano, o efeito retórico certamente não teria a mesma força persuasiva.

Essas analogias de *status* e poder, presentes nas **metáforas** do Brasão e da Faixa Presidencial, ajudam a angariar a **comunhão** do auditório e evidenciam um tipo de **argumento que fundamenta a estrutura do real**. Basicamente, o argumento buscado é o de revelar o que Lula não deveria ter feito ou, pelo menos, não deveria estar fazendo. A personagem é tomada como um modelo a não ser seguido. Sua conduta é tida como errada, não se coaduna com o posto de presidente da República; seu *etos* é posto em dúvida. Isso caracteriza a **técnica argumentativa do antimodelo**, que também é um tipo de **argumento que fundamenta a estrutura do real**.

Lula transmite uma sensação de serenidade e de firmeza, as mãos estão nos bolsos e os pés o sustentam com rijeza.

Porém, apesar da segurança externada pela postura da personagem e do equilíbrio alcançado na composição gráfica, a caricatura é construída de forma a suscitar uma intenção de instabilidade diante do fundo vazio do cenário.

Efeito comum às caricaturas, a base que sustenta o corpo de Lula é bem menor do que a cabeça, o peso visual está então concentrado na parte superior do desenho. É como se, propositalmente, a base que deveria repousar e sustentar a estrutura imagética estivesse de cabeça para baixo, conforme é observado nas malhas gráficas da Figura 4.4.

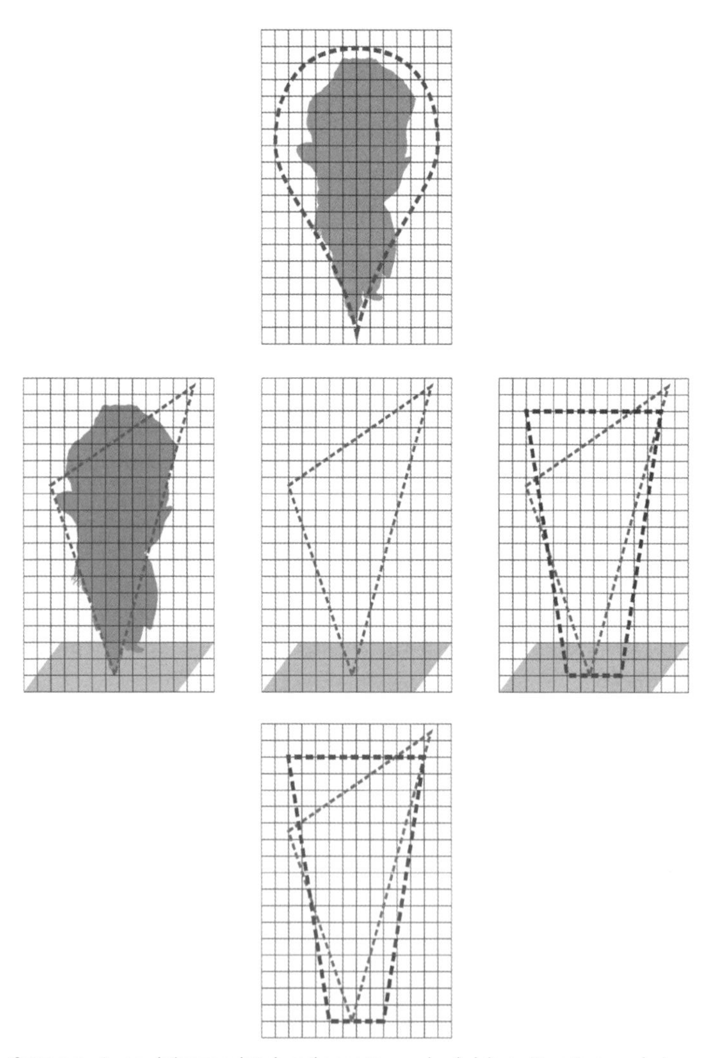

Figura 4.4 – O peso da imagem de Lula está na parte superior do leiaute. No entanto, poderia ser sustentado de forma a dar mais equilíbrio à composição gráfica.

A serenidade externada por Lula deve-se ao seu descomprometimento diante dos **fatos** políticos. Se nada ele viu, nada teria a declarar. Desse modo, Lula é retoricamente tido como um **antimodelo**, ao ter seu *etos* questionado pelo orador (*Veja*).

Para influenciar o *patos* do auditório, lança-se mão de recursos tais como o artifício retórico da caricatura, que, ao colocar o peso do desenho em sua parte superior, auxilia no entendimento da noção de instabilidade, insegurança e fragilidade política. Ao trabalhar a imagem de Lula como o modelo a não ser seguido, o *patos* do auditório é convocado a contestar o *etos* do presidente-candidato. A atitude do presidente constituiu o *logos* a ser construído retoricamente como argumento. O auditório, dessa forma, toma a posição de julgador das premissas elaboradas, o que caracteriza o desenvolvimento do **gênero forense do discurso**.

A Retórica do Design Gráfico da capa de *Veja* foi burilada para produzir o argumento desejado, não contando com o auxílio da ancoragem da verbalização de uma imagem tipográfica. O presidente não se privou do poder. Blindado pelas **metáforas** da Presidência, reiterou sua postura despojada. A fragilidade política foi apresentada de forma sutil. O maior peso da imagem na parte superior, transmitiu a ideia de possível instabilidade. Com isso, *Veja* faz da figura da **ironia** a chave para trazer à luz a **incompatibilidade retórica** entre o que foi apregoado e o que foi realmente feito no âmbito da política brasileira.

4.2 O equilíbrio visual no *etos* posto à prova

Figura 4.5 – Capa da revista *IstoÉ*, edição n. 1924, de 6 de setembro de 2006; capa da revista *Época*, edição n. 433, de 4 de setembro de 2006.

A aprovação do Governo Lula, perante seu eleitorado, foi assunto discorrido por *IstoÉ* (edição n. 1924) e *Época* (edição n. 433) na primeira semana de setembro. A matéria de *IstoÉ* relatou o crescimento do fenômeno do "Lulismo" antes das eleições, que na campanha presidencial desvinculou propositalmente a imagem de Lula da imagem do PT. Segundo a revista, naquele momento, "Lulismo" era diferente de "Petismo": ser petista estava associado a um grupo de ideias sedimentadas ao longo de um tempo na história da democracia brasileira; o "Lulismo", difuso em demarcações ideológicas, era simplesmente ser "Lula". A força desse fenômeno estava apoiada na história e no estilo pessoais do presidente, disseminando a ideia de um representante do próprio povo que chegou ao poder, a construção do símbolo de uma espécie de herói que venceu as elites.

A revista construiu uma imagem manipulada/montada do presidente, sobre um fundo azul, o que causa boa pregnância e destaque. Ocupando a maior parte do espaço compositivo, foi tratada pelo design como o principal elemento da estrutura gráfica. Na parte direita da composição, estão as imagens tipográficas. São dois textos verbais que, ao estarem margeados à direita, colaboram com o equilíbrio visual da capa. O destaque está na chamada principal que vem em caixa-alta: "A EXPLOSÃO DO LULISMO".

As imagens tipográficas "Como e por que a campanha eleitoral seguiu a linha da personificação política e converteu o presidente Lula em candidato quase imbatível", ao serem verbalizadas, direcionam o sentido argumentativo do discurso. Em "personificação política" e "candidato quase imbatível" é possível perceber a ancoragem da mensagem, pois a imagem de Lula busca justamente transmitir a ideia de algo valorizado e personificado, tornando-se assim invencível para as eleições.

A imagem do presidente-candidato, alinhada e sangrada[20] à esquerda, é responsável pelo exórdio[21] do discurso, ponto de partida da argumentação. Lula, vestido com uma roupa formal, de terno e gravata, tem os lábios entreabertos, mostrando os dentes superiores, com a feição de um largo sorriso. Um signo que representa um tom de felicidade: há uma textura reluzente que harmoniza matizes de dourado e amarelo em toda a imagem.

O fundo da capa, todo em azul, definitivamente não faz alusão ao PT. Como a própria matéria expõe, petismo e Lulismo diferem, não são utilizados matizes de vermelho, o azul reforça a ideia de explosão do Lulismo.

20 "Sangramento (ou sangrias): um elemento sangrado é aquele que 'parece' não caber no formato final do impresso, e que por isso foi 'cortado', ficando por conta do leitor 'completá-lo' subjetivamente. As capas de revistas têm, em geral, elementos sangrados. [...] Os fundos com cor que parecem tomar toda a dimensão das páginas das revistas são outro exemplo: embora impressos, eles parecem ser o próprio papel, e é como se ultrapassassem os limites da página. Em ambos os casos, estes elementos sangrados só causam efeito porque alcançam as bordas do impresso e parecem ultrapassá-las" (OLIVEIRA, 2000, p. 19).

21 A disposição (*dispositio*) consiste na segunda parte da Retórica de Aristóteles. Ela versa sobre o plano do discurso, de sua construção. Parte-se do princípio de que todo discurso tem uma ordem definida, um plano-tipo. Basicamente, as etapas que compõem um discurso são: o exórdio (preâmbulo ou proêmio), a narração (exposição), a prova (confirmação) e o epílogo (peroração ou conclusão) (cf. Aristóteles [384-322 a.C.], 2005, Retórica, livro III, cap. 13, 1414b).

Figura 4.6 – A representação dourada de Lula ocupa a maior parte da composição gráfica.

A imagem de um Lula petrificado e reluzente toma aspectos de uma escultura, como se fosse o busto de uma personalidade. Mas não é um torso qualquer: é, sobretudo, uma representação de ouro, parte do **acordo sobre o preferível** de que há, para o auditório, a **presunção** de riqueza e valor para a imagem do presidente-candidato. Diante do **exórdio** do discurso, a argumentação assume o **lugar da essência**: é presumível de que o eleitorado prefira aquilo que reluza como ouro, que tenha valor.

A Retórica do Design Gráfico produz um discurso em que é verossímil colocar que Lula é tão valioso quanto o ouro, havendo uma **metáfora** de valor. Uma personalidade política é representada em um busto que reluz como o ouro, logo, Lula é ouro, valioso, imbatível. Tem-se como **tema** da metáfora a própria representação de Lula, sorridente, feliz, bem-postado. O **tema** se qualifica imediatamente como **foro,** pelas características do ouro, com todas as suas propriedades de metal dúctil, opulento, caro e de grande valor. A metáfora produz efeitos, motivando o auditório na direção do que é proposto como realidade. Decorrente da analogia, a imagem persuade para construir o verossímil, fazer crer. Neste sentido de analogia, o orador (*IstoÉ*) busca a **comunhão** com o auditório, configurando à imagem, como propõe Perelman, um argumento do tipo que **fundamenta a estrutura do real**.

A ênfase comunicativa do discurso é centrada no auditório, se observada a sua função conativa,[22] centrada no destinatário A representação imagética está sorrindo diretamente para o receptor. Lula olha e sorri para quem o está lendo (Figura 4.6).

Entretanto, tratando-se das relações de analogia, a função poética[23] é determinante para o êxito da mensagem, por estabelecer conexões dentro do enunciado entre propriedades das palavras, imagens, sons, usando equivalências para gerar a própria sequência linguística. Sendo esta função a que induz à semelhança semântica, colabora e reforça o sentido de analogia, empregado pelo design da capa. A textura e o brilho dourados na face de Lula são os mesmos de seu cabelo, terno e gravata, repetindo-se tonalidades como rimas fônicas. A analogia metafórica de riqueza é também trabalhada na marca de IstoÉ, ao apresentar um dégradé do laranja para o amarelo, e na imagem tipográfica "LULISMO", que está em amarelo. A função poética trabalha para concatenar, ou transpor, a analogia de ouro presente na imagem de Lula para outros elementos visuais da capa.

22 A função conativa é centrada no destinatário. Do latim conatio = esforço, tentativa. "Frequentemente, desde que haja tentativa de convencer o receptor de algo, a função conativa carrega traços de argumentação/persuasão que marcam o remetente da mensagem." (CHALHUB, 2003, p. 23).

23 A função poética é uma função que se dobra sobre a própria mensagem. Semelhanças sonoras (fônicas, rimas, paralelos) induzem a semelhança semântica e operam funções de concatenação. Estabelece conexões dentro do enunciado entre propriedades das palavras, imagens, sons, usando equivalências para gerar a própria sequência. "Qualquer sistema de sinal, no sentido de sua organização, pode carregar em si a concentração poética, ainda que não predominantemente. Uma foto pode estar contaminada de traços poéticos, uma roupa pode coordenar, na sua montagem sintagmática, o equilíbrio de cor, corte e textura do tecido, um prato de comida pode desenhar, sensualmente, a forma e cheiro do cardápio, uma arquitetura pode exibir relações de sentido entre o espaço e a construção, a prosa pode aspirar à poeticidade... mas na poesia, os emotivos que me perdoem, ela é fundante e fundamental, nos diz isso o mesmo Jakobson" (CHALHUB, op. cit., p.34).

Grafado em caixa-alta, Lulismo é parte da expressão "A EXPLOSÃO DO LULISMO", em que há um sentido amplificador e hiperbólico. A forma gráfica e a cor do referido vocábulo combinam com as texturas da imagem de Lula, colaborando com a construção do **exórdio**, estimulando o efeito retórico de **presença** do discurso. "Lulismo" ancora o significado da imagem de Lula e ao mesmo tempo é presenteado por suas conotações indiciais e metafóricas de ouro, havendo entre a imagem e o termo uma via de mão dupla. Em caixa-alta e amarelo, "Lulismo" se beneficia das analogias da imagem de Lula que, por sua vez, ganha novos significados com o efeito de **presença** do vocábulo "Lulismo": o presidente só pode ser uma personalidade política tão valiosa quanto o ouro, a partir do momento em que há o crescimento rápido e excessivo do Lulismo no Brasil.

O **acordo** de que o Lulismo foi um fenômeno que ocorrera no cenário político brasileiro depende de como o auditório interpreta o *etos* da informação apreciada. Para tanto, o aspecto gráfico de "Lulismo" é um dado que, junto à imagem manipulada de Lula, reforça a **presença** retórica do discurso e influencia o *patos* do auditório para angariar sua **adesão**.

A Retórica do Design Gráfico da capa de *IstoÉ* aplica, essencialmente, o **argumento que fundamenta a estrutura do real** quando atribui a Lula a personificação do "Lulismo" sob a essência do político que, sendo de ouro, reluzente e valioso, é o candidato preferido pelo eleitorado, quase imbatível, para as eleições de 2006.

A capa da edição n. 433 de *Época* descreve que Lula, em 2002, antes de se tornar presidente da República, fez mais de 700 promessas de campanha. A revista, a partir da análise das promessas consideradas mais importantes, mostra que foi cumprida mais da metade do prometido. A matéria conclui que Lula "passou de raspão", com a nota 5,2 (cf. ESPECIAL – BRASIL. *Época*, 2006).

O Design Gráfico constrói a capa com a imagem fotográfica de Lula à direita na estrutura da composição. As imagens tipográficas estão alinhadas e posicionadas à esquerda. A chamada, em formato maior que o subtítulo, está grafada em caixas alta e baixa: "O que ele fez". O subtítulo explica o propósito da chamada: "Na campanha de 2002, as promessas de Lula passaram de 700. *Época* investigou o resultado de cada uma delas".

Figura 4.7 – A imagem fotográfica de Lula ocupa o maior espaço da composição gráfica.

A imagem tipográfica da chamada e a imagem fotográfica de Lula são responsáveis pelo **exórdio** do discurso, a segunda ocupando a maior parte da composição gráfica. Lula é o signo de um homem sério e trajado formalmente, de terno e gravata. Diferentemente do que aparece na capa de *IstoÉ*, n. 1924, seu gestual e sua fisionomia revelam **signos** de preocupação, apreensão. Olhar sério que não se volta ao auditório, focalizado em um **horizonte**, os lábios entreabertos, deixando ver os dentes inferiores, denunciam que está falando, ou tenta dizer algo para alguém. As mãos unidas, em gesto de quem reza, podem passar a ideia de quem tenta convencer o auditório do discurso apregoado. Na mão esquerda, a aliança, **símbolo** da comunhão do casamento, auxilia a emprestar credibilidade ao gesto: sendo casado, é comprometido, presumindo-se que deva ser da mesma forma comprometido com suas promessas, com sua palavra.

O **símbolo** na lapela do terno, um broche da bandeira do Brasil, reforça a **presença** de que a personagem é uma importante personalidade política. O ponto de partida da argumentação retórica vem do **acordo sobre o real** de que Lula é o atual presidente da República. E, diante do *status* que acomoda o **símbolo** do presidente de uma nação, é **presumível**, em um **acordo sobre o preferível**, que seja verossímil a idoneidade dos atos e do discurso de Lula.

No entanto, a Retórica do Design Gráfico coloca à prova essa idoneidade. Questiona-se: os compromissos assumidos por Lula, em sua campanha eleitoral de 2002, foram bem-sucedidos, a ponto de o eleitorado acreditar nas atuais promessas da campanha de 2006? Como já mencionado, Lula foi aprovado com uma nota mínima 5,2. Na capa de *Época*, porém, essa aprovação não é suscitada.

O subtítulo expõe que Lula fez mais de 700 promessas em 2002, e a revista se propôs a investigar o resultado de cada uma delas. *Época* apresenta uma argumentação que parte da racionalidade. São 700 promessas a serem investigadas. O argumento parte do **lugar da quantidade**: contabiliza quantas promessas da campanha de 2002 foram efetivamente cumpridas. É, portanto, utilizado um **argumento do tipo quase-lógico** para sugerir a validade da campanha eleitoral de Lula em 2006.

Ao usar o termo "investigou", em vez de analisou, por exemplo, evidencia-se a posição de *Época*, ao se colocar quanto à sua própria metodologia investigatória, como juíza dos atos e promessas de Lula. Há aqui a predominância da **função referencial**. Centrada no contexto, *Época* se posiciona para o auditório como a voz da verdade, pois é dela a investigação que certificará "o que ele fez" de bom ou ruim para o Brasil. O **argumento quase-lógico** exposto no subtítulo colabora com a contextualização da mensagem.

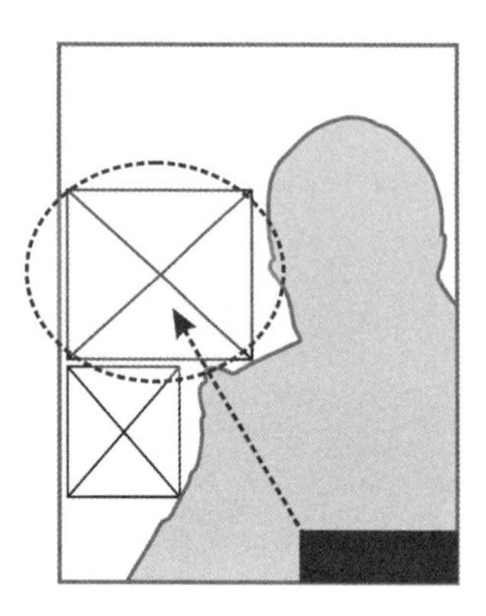

Figura 4.8 – O gesto de Lula direciona a leitura da chamada.

A imagem fotográfica não apresenta um Lula sossegado, tranquilo. Sua fisionomia transparece tensão, pois ele está sendo investigado por todo o "auditório particular" de *Época*, seu público-leitor. A Retórica do Design Gráfico trabalha para transmitir a ideia de que o *etos* de Lula está sendo posto em xeque. O fundo do cenário colabora com o ambiente de inquietude. É uma textura manchada com cores quentes, avermelhadas, que influenciam o *patos* do auditório. Além disso, o gesto de Lula direciona a leitura para o argumento principal: o leitor quer saber o que realmente o presidente fez. É um gesto de quem pede para ser digno de confiança, quase uma súplica. Estrategicamente esse gesto aponta para a imagem tipográfica da chamada: "O que ele fez". Não à toa, no subtítulo vem grafada a palavra "promessas".

Entende-se que Lula fez promessas em 2002 e faz tantas outras para 2006, que devem ser analisadas. Para que um novo voto de confiança seja dado, o *etos* do presidente precisa ser julgado diante do **gênero forense do discurso**. Ao direcionar o olhar do auditório para o enunciado "O que ele fez", a Retórica do Design Gráfico da capa sugere uma reflexão sobre a validade das promessas da atual campanha de Lula. Isso evidencia, na Nova Retórica de Perelman, a **apóstrofe** como a **figura de retórica** predominante. Dessa reflexão é que se busca a **comunhão**, para daí angariar a **adesão** do auditório.

Época coloca em jogo uma **relação de coexistência**: o caráter e a validade dos atos atuais de Lula estão associados aos atos praticados e às promessas por ele assumidas anteriormente, o que corresponde, conforme a Nova Retórica Perelmaniana, a uma **técnica argumentativa baseada na estrutura do real**.

As duas capas tratam da aprovação do presidente Lula para as eleições de 2006, com enfoques diversos em cada discurso, respectivamente. Enquanto a revista *IstoÉ* aborda a aprovação de Lula ante seu eleitorado, tendo em vista o fenômeno do "Lulismo", *Época* procura julgar a atual campanha eleitoral de Lula, comparando-a com a anterior. Curiosamente, o design gráfico de ambas as capas aposta no mesmo princípio de equilíbrio visual, só que de formas opostas. As malhas gráficas são "espelhadas": uma é o inverso da outra – enquanto em *IstoÉ* a imagem de Lula está à esquerda e as imagens tipográficas à direita, em *Época* os posicionamentos são os opostos.

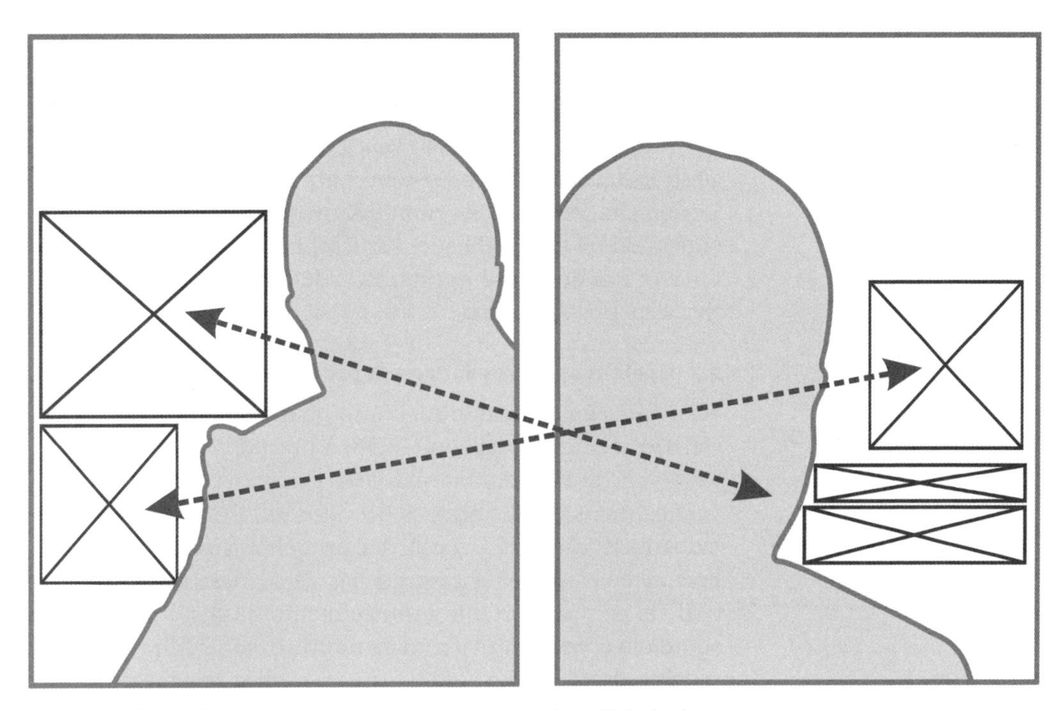

Figura 4.9 – O design gráfico de ambas as capas aplica o mesmo princípio de equilíbrio visual.

IstoÉ traz a imagem valorizada de um Lula feliz. Utiliza o amarelo e o azul para dar um efeito positivo à composição imagética. Para tanto, apropria-se essencialmente do **argumento que fundamenta a estrutura do real**, quando são amplamente aplicados pelo Design Gráfico os efeitos retóricos de analogia como o ouro e a riqueza.

Época trabalha a noção de um Lula preocupado, tenso. Usa matizes de cores quentes, dando um aspecto mais negativo à composição gráfica da capa. No textual das imagens tipográficas, há a predominância do **argumento quase-lógico**, e, para a imagem fotográfica de Lula, considerando o contexto de comunicação, enfatiza-se o **argumento baseado na estrutura do real**.

Comparando-se as duas capas, a Retórica do Design Gráfico é trabalhada de forma a produzir efeitos bem distintos para cada discurso. Em ambos os casos, o *etos* do presidente Lula é posto à prova. Entretanto, enquanto *IstoÉ* construiu uma imagem positiva de Lula, em *Época*, há um aspecto duvidoso. O sentido figurado da linguagem visual é mais presente em *IstoÉ*. Para isso, a Retórica do Design Gráfico é chamada a atribuir mais peso aos sentidos metafóricos e, dessa forma, a fantasia acaba por ser mais presente: não há, denotativamente, um busto de ouro do candidato à Presidência da República.

Em *Época*, a comunhão vem de uma **apóstrofe**, ao levar o auditório a refletir sobre o que Lula fez. Aqui, a Retórica do Design Gráfico estabelece um discurso menos figurado e mais embasado na racionalidade. Por isso, há uma imagem séria de Lula. O *etos* de Lula é questionado de forma mais argumentativa e menos fantasiosa.

4.3 Os efeitos gráficos do "acordo prévio sobre o real"

Na disputa com Geraldo Alckmin, candidato do **Partido da Social Democracia Brasileira** (PSDB) à presidência da República, Lula venceu com ampla margem – mais de 60% dos votos válidos, mais de 58 milhões de votos (cf. Consulta de Resultados Eleitorais, TSE, 2008). Na primeira semana de novembro, a reeleição foi o assunto nas capas dessas três revistas noticiosas, o importante acontecimento da história nacional, abordado como um marco para o futuro, conjecturando o que seria do Brasil após o pleito. Essa foi a única semana do ano de 2006 em que as três revistas, ao mesmo tempo, coincidiram publicações de matérias de capa sobre o presidente Lula, ressaltando seu enorme respaldo popular conquistado nas urnas. Considerou-se inclusive o novo desenho do cenário político brasileiro como a base parlamentar mais ampliada do que no primeiro mandato, mais deputados e governadores aliados foram eleitos.

Figura 4.10 – Capas das revistas: *Época*, edição n. 442, de 6 de novembro de 2006; *IstoÉ*, edição n. 1933, de 8 de novembro de 2006; e *Veja*, edição n. 1981, de 8 de novembro de 2006.

Sustentava-se que Lula entraria para a História se fosse o presidente a conseguir colocar o Brasil na rota do crescimento. Em *Época*, por exemplo, tal possibilidade foi comparada ao período desenvolvimentista brasileiro, entre as décadas de 1930 e 1970. Para tanto, certos quesitos que deveriam entrar na agenda do presidente reeleito foram destacados na matéria: garantir a estabilidade e propiciar o crescimento econômico por meio do controle da inflação, do estímulo às exportações, da disponibilidade de crédito e redução de impostos à iniciativa privada, da queda dos juros, do enxugamento dos gastos públicos (cf. Traumann, 2006). Entraram também na lista: executar as mudanças essenciais para o desenvolvimento da nação, promovendo as reformas política, trabalhista, previdenciária e tributária; na área social, oferecer educação e saúde de qualidade e distribuição de renda, com destaque para a grande discussão que circunda o programa Bolsa Família (cf. ibid.). Nesse caso, o grande desafio seria o de implementar uma inclusão social produtiva, que se dá quando o beneficiário é treinado para ganhar a vida trabalhando.

A capa de *Época* traz a imagem de Lula à esquerda da composição, ocupando a maior parte do espaço gráfico da estrutura. Posicionada e alinhada à direita, está grafada, em caixas alta e baixa e em amarelo, a imagem tipográfica: "Como serão os próximos quatro anos".

O cenário é composto por um fundo desfocado por matizes misturados de verde e preto. Pode tratar-se de um jardim ou qualquer outro lugar ao ar livre, o que passa a sensação de serenidade. A imagem de Lula não é apenas a representação de um homem grisalho, bem-trajado. Seu o olhar volta-se para cima, pensativo, como se estivesse vislumbrando o futuro. Os lábios estão entreabertos, revelando um breve sorriso num semblante sonhador (Figura 4.11).

Lula segura o paletó às costas. Aqui, há uma ação da personagem que marca o **indício** de tempo, um antes e um depois, caracterizando uma **narrativa** imagética. A noção do movimento de "colocar sobre os ombros" é algo similar à **analogia** sobre trabalho – "arregaçar as mangas", propondo-se ao auditório o **acordo prévio**, anteparado pelas **premissas reais** de que é **fato** a reeleição do presidente Lula e a **presunção** de que ele começará a atuar, a governar.

A chamada "Como serão os próximos quatro anos", apesar de escrita de forma afirmativa, é um questionamento. Lança a ideia de dúvida, mesmo sem o sinal gráfico de interrogação [?]. É uma **interrogação oratória**, que propõe a **comunhão** com o auditório sobre a incerteza das ações de Lula durante o novo mandato.

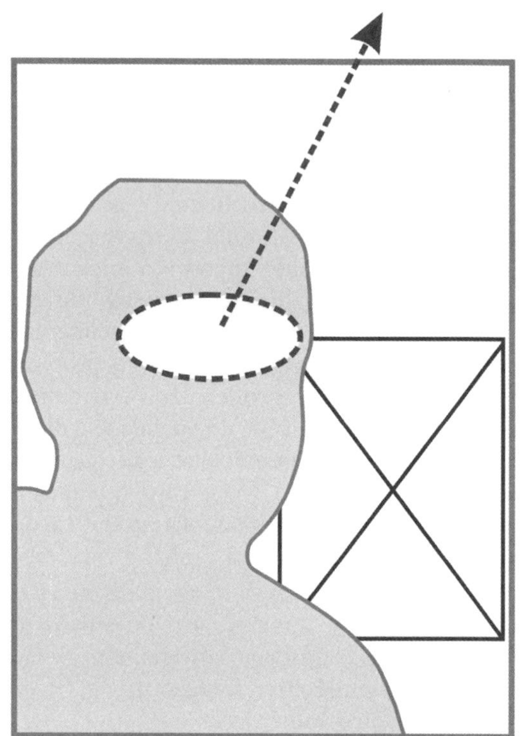

Figura 4.11 – Lula expressa um olhar pensativo que se volta para cima.

Destaque-se que "quatro anos" está grafado com um corpo maior que "Como serão os próximos". O efeito **hiperbólico** reafirma sua **presença** ao discurso, possibilitando, na interpretação do textual da imagem tipográfica, o enquadramento do contexto histórico: em "quatro anos", é enfatizado o tempo do mandato; em "próximos", há a ideia da reeleição. Essa leitura é resultante da relação direcionada pela imagem do presidente Lula.

Há um dialogismo semântico entre as imagens fotográfica e tipográfica: uma ancora o sentido da outra, confirmando a ênfase na **função referencial da linguagem.** Essa ancoragem, orientada principalmente pela racionalidade da noção temporal do mandato de presidente, evidencia, na Nova Retórica de Perelman, um tipo **de argumento quase-lógico.**

O emprego da **interrogação oratória**, acompanhado do olhar esperançoso de Lula, também contribui para levar o auditório a um momento reflexivo, que só pode ser retoricamente concebido a partir do momento em que a sucessão dos acontecimentos é interpretada: houve o segundo turno das eleições e sua consequência foi a reeleição do presidente. Nesse caso, o efeito persuasivo é efetivamente motivado porque o orador se baseia em uma realidade determinada a partir de uma causa. Portanto, desenvolve-se aqui um argumento que permite ao auditório apreciar um ato conforme suas implicações, sejam elas favoráveis ou não, configurando-se na construção de um **argumento pragmático, baseado na estrutura do real**.

O orador (*Época*) constrói uma matéria de capa em que a Retórica do Design Gráfico empregada propõe uma reflexão ao **auditório particular** (público-leitor). Por meio de um **argumento pragmático** e um **quase-lógico**, esse auditório é convocado a analisar suas impressões sobre os últimos quatro anos de governo do presidente Lula, para assim prospectar como serão os próximos quatro. *Época* mostra uma fisionomia positiva da personagem, sorridente e esperançosa, própria de um candidato vitorioso. A validade dessa esperança é então posta à baila pela ação de um **discurso do gênero deliberativo**.

A publicação de *IstoÉ* apresenta a imagem fotográfica de Lula em perfil: um senhor grisalho, trajando-se formalmente, de terno. Parado e estático, não há o prenúncio de uma narrativa imagética. Seu semblante é sério e pensativo, não esboça um sorriso, a boca está fechada. Diferentemente de *Época*, o olhar não é o de um "sonhador"; fixo e compenetrado, dirige-se às imagens tipográficas.

As imagens tipográficas, grafadas em branco, alinhadas e posicionadas à direita, dividem-se em três partes: o chapéu,[24] em caixa-alta, "SEGUNDO MANDATO"; a chamada, também em caixa-alta e em corpo maior, "AGORA VEM A PARTE MAIS DIFÍCIL", e, em caixas alta e baixa e corpo menor, o subtítulo "O presidente reeleito Lula tem pela frente o maior dos desafios: mostrar que seu projeto de governo pode levar o País a crescer". Note-se que "País" vem grafado com inicial maiúscula, é um destaque ao espaço em que o acontecimento se dá. Não é qualquer lugar, é o Brasil, logo, o fato jornalístico é de importância para a vida de todo cidadão brasileiro, o que constitui um auditório universal.

A chamada em formato bem maior usa o efeito **hiperbólico** para reforçar a **presença** no discurso, pois é a ela que o olhar de Lula é direcionado. A combinação da chamada com a imagem de Lula é responsável pelo **exórdio**, o início do discurso, que presume a presente dificuldade a ser vivenciada pelo presidente reeleito para governar o Brasil.

24 Em jornalismo, chapéu é o "antetítulo curto, sustentado por um fio. Diz-se também sutiã" (RABAÇA; BARBOSA, 2001, p. 126).

O orador (*IstoÉ*) propõe o acordo prévio ao **auditório**, partindo da **premissa real** de que é **fato** a reeleição do presidente Lula e da **presunção** de que ele terá muita dificuldade em seu próximo mandato. A imagem tipográfica do chapéu (segundo mandato) também colabora para situar o contexto histórico vivido no País. A ênfase da comunicação é a **função referencial**, e sinaliza que o argumento é proveniente da consequência de um **fato**: Lula é o atual presidente, preferido no segundo turno em vez de Alckmin. Há, portanto, o efeito de causa e consequência, caracterizando um **argumento pragmático baseado na estrutura do real**.

As imagens tipográficas ancoram o sentido da imagem de Lula, ratificando, sobretudo, a pertinência do uso da **função referencial da linguagem**. A imagem de Lula, isolada do contexto provido pelas imagens tipográficas, não teria a mesma força argumentativa: não seria possível interpretar que o olhar sério e preocupado ali focalizado seria oriundo das dificuldades a serem enfrentadas após a vitória nas urnas.

No elemento textual, o chapéu estabelece o momento histórico, a reeleição. Título-chamada e subtítulo lançam o porquê do semblante preocupado do presidente, no caso, o desafio que o aguarda: a etapa mais difícil, mostrar que seu governo pode implementar o desenvolvimento da nação. Aqui, ao contrário da publicação de *Época*, o textual funcionaria sozinho. Nele, há todos os elementos que situam o contexto do discurso, em seu tempo e espaço – a reeleição do presidente Lula e o grande desafio de provar que seu projeto de governo é eficiente para o crescimento do Brasil. Assim, a imagem fotográfica vem sustentar o que o componente textual já declara – reeleição, desafio, crescimento do País. A imagem preocupada de Lula é reflexo do que ele está lendo na imagem tipográfica.

O fundo não é parte integrante da mesma imagem fotográfica, como em *Época*. É construído propositadamente em vermelho, cor alusiva ao PT, partido de Lula. Neste fundo, há repetidamente a assinatura "Lula presidente", em fonte tipográfica manuscrita, o que evidencia a ênfase na **função poética da linguagem**. Sendo um manuscrito, passa a ideia de carta, de assinatura de um termo, assumindo uma ação **metafórica** de "compromisso" com a nação. Como se fosse a própria assinatura de Lula em sua posse, reitera-se a manifestação de um **argumento que fundamenta a estrutura do real**. Ao mesmo tempo, a chancela de Lula, que oficializa seu poder, referenda o *status* de **autoridade**, manifestando, conforme as lições de Perelman, um **argumento baseado na estrutura do real de autoridade**.

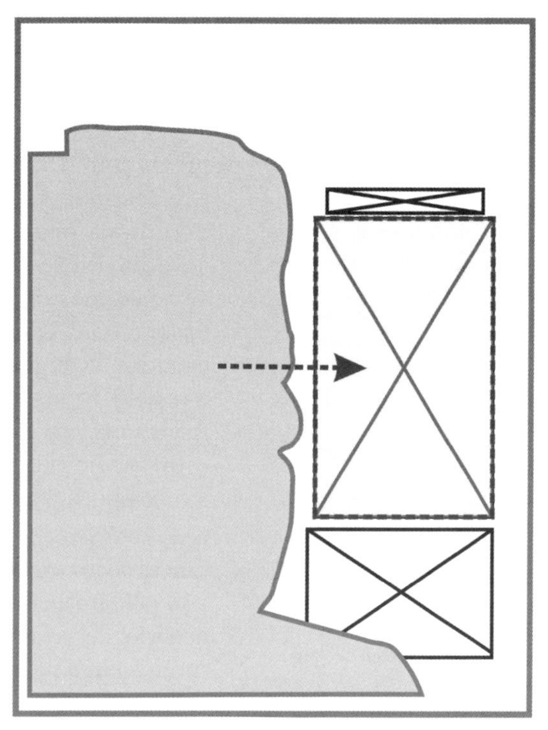

Figura 4.12 – Lula "lê" que seu próximo passo será o momento mais difícil; ao fundo, há a assinatura em tipografia manuscrita: *Lula presidente*.

Principalmente por meio de argumentos baseados na estrutura do real, o orador (*IstoÉ*) "julga" que o momento mais difícil a ser vivido por Lula está por vir. Concomitantemente, convoca o patos do auditório a "deliberar" sobre tal asserção. A fisionomia do presidente recém-eleito é de preocupação e desconforto, entretanto, ele assina seu compromisso com a nação. Fica evidente que o momento não será fácil, mas a responsabilidade já está posta, representada pela metáfora da assinatura "Lula presidente". Diante do julgamento do orador e de sua proposição ao auditório, voltada para o futuro, o gênero predominantemente empregado no argumento é o **deliberativo.**[25]

Na capa da revista *Veja*, é apresentada uma fotomontagem de Lula que, ao sangrar por todos os limites do leiaute, ocupa quase por completo a composição gráfica. A imagem tipográfica da chamada vem grafada na base, em caixa-alta e em matiz alaranjado, expondo: "A ÚLTIMA CHANCE". Acima da chamada, estão grafadas as seguintes imagens tipográficas: em preto, alinhada e posicionada à esquerda, "O primeiro mandato de

25 Os gêneros do discurso, para Aristóteles, também são distinguidos pelo tempo. No caso das matérias de capa em questão, há uma predominância do gênero deliberativo por convocar o auditório para refletir como será um tema futuro. Sobre essa acepção, Reboul (2004, p.45) expressa: "o judiciário refere-se ao passado, pois são fatos passados que cumpre esclarecer, qualificar e julgar. O deliberativo refere-se ao futuro, pois inspira decisões e projetos. Finalmente, o epidíctico refere-se ao presente, pois o orador propõe-se à admiração dos espectadores, ainda que extraia argumentos do passado e do futuro".

Lula foi pífio [...]"; e em branco, margeada e posicionada no canto inferior direito da composição, "[...] e agora ele tem mais quatro anos para deixar o legado de grandeza".

O orador (*Veja*) inicia a argumentação, buscando o **acordo prévio** com o **auditório** a partir da **premissa real** de que é **fato** a reeleição de Lula e da **presunção** de que o segundo mandato é a última oportunidade de o presidente executar um bom governo. Para tanto, a Retórica do Design Gráfico aplicada em *Veja* não mostra uma fisionomia de Lula como nas capas de *Época* e *IstoÉ*. O olhar é triste e abatido. Com ênfase na função **conativa** da linguagem, encara o auditório (leitor) como se algo tivesse a revelar; no entanto, os lábios mantêm-se fechados. A personagem é enquadrada numa imagem frontal, como se estivesse fichada numa foto três por quatro.

A representação imagética de Lula, ao ser trabalhada pela ação retórica do Design Gráfico, **metaforiza** elementos visuais que expõem um efeito narrativo. Uma narratividade manifesta não pela imagem **icônica** em si, mas por sua manipulação. No cenário, desvelam-se um antes e um depois, presentes na fotomontagem e na disposição das imagens tipográficas.

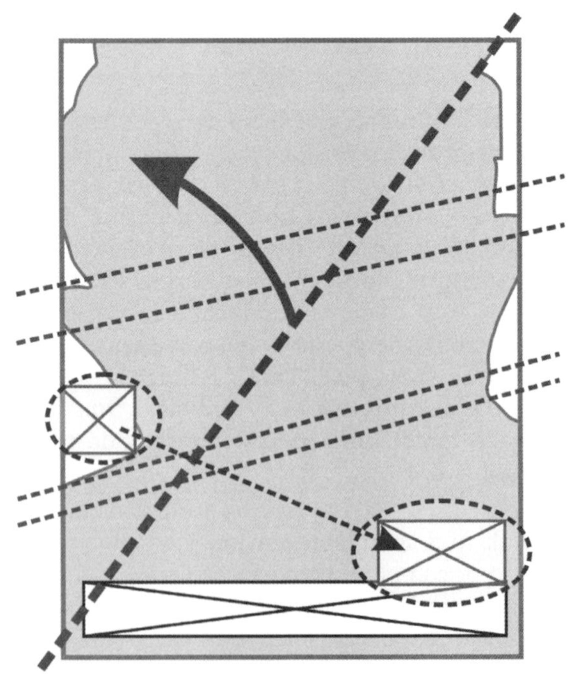

Figura 4.13 – A secção diagonal do leiaute e a disposição das imagens tipográficas evidenciam uma narratividade imagética.

Há uma secção na fotomontagem. Um "corte" em diagonal, dado por um rolo que atravessa toda a página, da direita para a esquerda. Apesar de não haver nada escrito ou sinalizado (setas, indicadores) sobre o direcionamento de tal rolo, em virtude do contexto histórico (**função referencial**) e da repetição de texturas e matizes na imagem de Lula (**função poética**), é construída uma noção de movimento, de "desenrolar" a fotografia para cima. Nesse desenrolar, uma representação de tempo é transposta. É a mesma imagem de Lula sendo "renovada". Essa "renovação" se dá pelos diferentes estados da mesma imagem. Um presente, representado pela imagem mais nítida, e um passado, representado pela imagem "oxidada", "desgastada", "depauperada".

São efeitos **metaforizantes** de tempo edificados pela Retórica do Design Gráfico. Há, então, uma explícita narrativa, um antes e um depois da personagem. Porém, ao interpretar essa narrativa, verifica-se que a mudança é apenas temporal. Antes da reeleição, tem-se a imagem opaca, em sépia, "envelhecida"; e depois, a mesma imagem está em matizes mais brilhantes. Aqui, portanto, é desenvolvido um silogismo retórico, há uma noção de **transitividade** entre um antes e um depois e uma ideia de **comparação** entre o antigo e o presente, o que resulta num **argumento do tipo quase-lógico**.

A **argumentação quase-lógica** é também estabelecida quando as imagens tipográficas são verbalizadas e interpretadas. Elas garantem e ancoram o efeito narrativo provocado pela fotomontagem. Na representação do passado, há o texto "O primeiro mandato de Lula foi pífio...", e, na representação do presente, é descrito "... e agora ele tem mais quatro anos para deixar um legado de grandeza". O uso da pontuação de reticências auxilia o entendimento de uma **transitividade** temporal – o "antes" e o "depois" do resultado do segundo turno. O emprego de "primeiro" e "mais quatro anos" também passa a mesma noção racional de **transitividade**. "Agora" enfatiza a ação presente para uma **comparação**. Diante disso, o orador usa de elementos argumentativos que exploram a racionalidade do auditório, ratificando novamente a articulação do **argumento quase-lógico**.

As mesmas imagens tipográficas acentuam os recursos **metafóricos** aplicados na fotomontagem. O uso do adjetivo "pífio" instaura uma **presença** qualificadora do mandato anterior de Lula, já representado na parte opaca de sua imagem. Em "deixar um legado de grandeza", estrategicamente posicionada no canto inferior direito da composição, no qual a imagem de Lula é mais viva, o orador desafia a personagem para um tempo futuro. As expressões verbais reiteram e complementam o que é **metaforicamente** representado na fotomontagem: até então, o governo de Lula foi insignificante, mas o povo brasileiro deu a chance de o presidente fazer algo pelo País em um novo mandato. Os efeitos **metafóricos** partem de **analogias** que buscam influenciar o *patos* do auditório, logrando efeitos persuasivos às suas emoções por meio de **argumentos que fundamentam a estrutura do real**.

Note-se que a fisionomia de Lula não muda. A transformação é representada apenas pelas **metáforas** do tempo. Ou seja, o orador trabalha com a verossimilitude de que não houve uma mudança efetiva na política nacional. Houve somente uma "repintura" de Lula, uma nova **maquiagem**. O **argumento quase-lógico**, usado retoricamente na narrativa da fotomontagem, destaca uma **transição** e uma **comparação** de estados temporais diferentes. O **argumento que fundamenta a estrutura do real** trabalha a **analogia** entre o passado e o presente. As texturas **metafóricas** do passado são opacas e petrificadas, dando um aspecto negativo ao discurso; no presente, os matizes cromáticos são mais fulgentes, o que aparenta um momento mais positivo. Contudo, o olhar de Lula é de abatimento. O rosto levemente inclinado para a esquerda e a boca fechada, com os cantos dos lábios caídos, dão um ar de tristeza e direcionam o discurso para uma conclusão eminentemente negativa.

Essa racionalidade do argumento quase-lógico, inspirada por Perelman na demonstração aritmética (menos com mais resulta em menos), é intensificada pela ação do argumento que fundamenta a estrutura do real. Portanto, no cenário construído por *Veja*, "há o papel de parede antigo, sendo trocado por um novo, com o mesmo desenho". E, após os quatro anos do marco da reeleição, ter-se-á a mesma imagem, novamente em estado envelhecido, sendo trocada. Entretanto, nesse caso, a personagem Lula será alterada por outra, já que não é permitida uma segunda reeleição na democracia de nossa República. Por isso, vem grafado na chamada, hiperbolicamente, em caixa-alta e matiz[26] alaranjado: "A ÚLTIMA CHANCE".

Verifica-se que, na capa de *Veja*, tomando o posicionamento das imagens tipográficas, a estrutura, mesmo tendo uma grande fotomontagem ao centro, é mais assimétrica. Os pequenos títulos são contrapontos da estrutura. Já as capas de *Época* e *IstoÉ* se assemelham. Há os blocos de texto à direita e as imagens fotográficas à esquerda. São composições mais simétricas, em que as imagens tipográficas ganham mais destaque.

26 Matiz é a "qualidade que distingue uma cor da outra; por exemplo: o laranja do vermelho, ou do azul. Na prática é o nome da cor tal como ela é identificada" (Fonseca, 2008, p.150).

A chamada de *Época* se inicia na linha do olhar de Lula; em *IstoÉ*, o textual está todo à frente da face da personagem. Não obstante, *Época* traz a ideia do "sonhar", do "vislumbrar", então nada interrompe a visão da personagem (Figura 4.11). *IstoÉ* estabelece a ideia da "preocupação", portanto, o textual interrompe a visão de Lula. De perfil, ele "lê" o título da chamada "AGORA VEM A PARTE MAIS DIFÍCIL" (Figura 4.12).

A mancha gráfica[27] da capa de *Veja* é quase toda ocupada pela fotomontagem centralizada. As imagens tipográficas têm menos destaque que nas outras capas. Os pequenos títulos, ligados pelas reticências, estão posicionados de acordo com a narrativa proposta e respeitam o direcionamento da leitura ocidental (da esquerda para a direita, de cima para baixo). A chamada "A ÚLTIMA CHANCE" está posicionada no rodapé da página e, neste caso, não é mais importante que o efeito narrativo empregado na imagem de Lula, pois nela o olhar cansado e abatido da personagem dá o tom do discurso.

27 **Mancha** é "a parte impressa (ou a ser impressa) de qualquer trabalho gráfico, por oposição às margens e aos claros" (RABAÇA; BARBOSA, 2001, p.451).

A Retórica do Design Gráfico trabalhada em *Veja* procura obter o efeito narrativo com a construção de uma fotomontagem. Para isso, houve preocupação em explorar o maior espaço possível na estrutura da composição. Já em *Época* e em *IstoÉ*, as imagens tipográficas ganharam maior relevância. *Época* dá mais destaque para "quatro anos", e *IstoÉ*, à passagem "agora vem a parte mais difícil".

Assim como em *IstoÉ*, a retórica desenvolvida na capa de *Veja* faz as imagens tipográficas ancorarem o sentido da imagem de Lula, de forma que esta, sozinha, sem o contexto textual, perderia sua intensidade argumentativa. A análise dos argumentos empregados elucida que, para *Veja*, a mudança no cenário foi apenas um "banho de cor". Politicamente, a personagem é a mesma, com as mesmas atitudes para mais quatro anos de governo. Situação corroborada no textual das imagens tipográficas: a última chance, depois de uma reles gestão, para deixar um legado de grandeza. Ou seja, assim como *Época* e *IstoÉ*, *Veja* também desafia o presidente reeleito. Entretanto, é mais maliciosa. A retórica é aplicada de forma mais apurada. O futuro pode até ser uma incógnita, boa ou ruim, mas o estado atual é como o passado de Lula.

Utilizando-se do **gênero epidítico do discurso retórico**, *Veja* qualifica o presidente como governante pífio, abatido, cansado e fraco. A aparente limpeza ou "repintura" propõe a **adesão** do auditório à conclusão do argumento de que Lula se depara com sua última chance, proporcionada pelas regras do sistema democrático, fundadas no anteparo da reeleição.

[...] A Retórica codifica um tipo de informação sensata, uma inexpectatividade regulada, de modo que o inesperado e o informativo intervenham não para provocarem e porem em crise tudo o que se sabe, mas para persuadirem, isto é, reestruturarem em parte o que já se sabe (ECO, 1976, p. 77).

Da prática à teoria, a Retórica do Design Gráfico

5

A análise mostrou que a utilização dos recursos retóricos foi indispensável para apresentar as matérias de capa de forma atraente, com apelo comercial, despertando positivamente a atenção de um auditório. Todas partiram do **acordo prévio sobre o real** embasado no **fato** de que, em 2006, houve eleições presidenciais, fato este que, ao já ser conhecido pelo auditório, estabeleceu o efeito de **presença**. Lançaram mão do **acordo sobre o preferível** de que, no **lugar do preferível**, o candidato preferido pelos eleitores seria o eleito. No **lugar da quantidade**, aquele que recebesse mais votos seria o eleito. No **lugar da ordem**, quem obtivesse maior votação ficaria em primeiro lugar.

Como se vê, o **acordo prévio** foi resultado da interação entre uma imagem fotográfica e a verbalização das imagens tipográficas, o que minimizou a polissemia característica de imagens fotográficas, direcionando o entendimento da argumentação. Tal recurso, atributo primordial do trabalho do Design Gráfico, alicerçado pela Retórica, contribuiu diretamente para o direcionamento do discurso argumentativo. A Retórica do Design Gráfico, portanto, trabalhou com elementos visuais de forma que ocorresse a catalisação do discurso pretendido em cada capa. Para que esse efeito tivesse sucesso, **fatos**, **verdades** e **presunções** estruturaram um **acordo sobre o real**, sobre a realidade dos acontecimentos e, com isso, a Retórica proporcionou o discurso mais atraente, a notícia mais enfática: o *patos* dos leitores teve de ser atingido de forma a crer no *etos* de quem a publicou.

A análise retórica pormenorizada tornou mais transparentes os aspectos ideológicos, que poderiam estar implícitos nas mensagens. No caso, as capas mostraram intuitos e objetivos das três editorias: Globo, Três e Abril. Aquilo que era **verossímil** ou provável verdade foi tratado nas capas como pontos de vista argumentativos indicadores da predisposição de cada editoria a uma proposta da **tese** a ser defendida. Observou-se a presença do discurso **epidítico**, como censurador das ações do presidente, do **judiciário** e do **deliberativo**, que conclamaram o auditório a julgar **fatos**, **verdades** e **presunções** passados e futuros de Lula, perante o cenário político brasileiro daquele momento. Lula foi tomado como **modelo** e **antimodelo**, argumento **quase-lógico ridículo** e **metáfora** de poder. Porém, em quaisquer circunstâncias, Lula era **símbolo** do poder instituído na República Federativa do Brasil, logo parte que representa um todo, uma **metonímia** do Poder Executivo brasileiro enquanto **figura de retórica**. O impacto visual, constituído pelos aspectos exortativo e argumentativo de sua imagem, remeteu a uma ordem contextual em que a informação enunciada era atual e de conhecimento público. Para tanto, o orador explorou o repertório linguístico do auditório. Por conta dos acontecimentos políticos, mostrou-se atualizado, noticiando informações pertinentes à vida dos cidadãos brasileiros. O *etos* foi reforçado para criar condições receptivas favoráveis ao discurso propalado e consequentemente, logrando o *patos*, buscou-se a **adesão**. Foi lançada, pelo orador, uma estratégia para um **acordo prévio** com o **auditório**. Dependendo da forma como foi promovida a imagem de Lula (sua fisionomia – sorrindo, entristecido, preocupado, cansado etc.), o **acordo** deu-se conforme o momento histórico vivido no Brasil e como este momento fora entendido pelo **auditório**.

O campo da argumentação é o do plausível, do verossímil e do provável, na medida em que este último escapa às certezas do cálculo. O que ampara esta ideia é o fato de que toda argumentação se reveste da ambiguidade característica da linguagem natural. Todas as linguagens são ambíguas e norteadas por ideologias; nenhuma é neutra e todas usufruem a ação e o efeito retóricos.

O Design Gráfico é a prática projetual que resulta numa linguagem de gramática imprecisa e em um vocabulário em franca expansão, cuja matéria-prima se assenta na manipulação de imagens. Enquanto linguagem, nunca é neutro, resguarda sempre uma ambiguidade e, ideologicamente norteado, traz uma argumentação e detém uma retórica específica. O Design Gráfico possui uma retórica que lhe é inerente: a Retórica do Design Gráfico.

Ellen Lupton e Hanno Ehses (1988, p. 4), com base na Arte Retórica Aristotélica, já haviam correlacionado às fases do discurso retórico o processo do **fazer design**.

Quadro 5.1 - As tradicionais fases da produção Retórica e o paralelo com o processo de design.

THE RHETORICAL PROCESS	THE DESIGN PROCESS
Invention The discovery of plausible arguments and supporting material relevant to the situation.	Research, development of a concept.
Disposition The arrangement of arguments. This phase was also called *disegno* during the Renaissance.	Organization, layout, planning.
Elocution The fitting of proper language to the argument, including use of rhetorical figures, in consideration of the following criteria: *Aptum* appropriateness *Puritas* correctness *Perspecuitas* comprehensibility *Ornatus* deliberate adornment	Stylistic choices, visualization of the concept.
Memory Firm grasp and understanding of the material to be presented.	Skill, decisiveness of presentation.
Delivery The control of the voice and body in the actual presentation of arguments.	Execution and choice of media.

Fonte: Lupton e Ehses, 1988, p. 4[28]

O Design Gráfico se caracteriza como uma especialidade do Design que desenvolve projetos amplamente caracterizados pela manipulação de imagens, cuja mensagem, que se pretende persuasiva, apresenta algum nível de retoricidade.

A Retórica do Design Gráfico se constitui para alcançar a persuasão, determinada pela identificação do público; pela proposição da finalidade do discurso; pelo estabelecimento do gênero; pelos argumentos a serem empregados.

Para que as mensagens persuasivas funcionem em toda a sua amplitude, o Design Gráfico considera sempre os aspectos culturais, sociais e econômicos dos auditórios – as sociedades às quais os enunciados são dirigidos – e faz uso de aparatos gráficos que permeiem, traduzam e sintetizem necessidades, anseios e desejos de uma sociedade.

A proposição da finalidade do discurso é a etapa em que o Design Gráfico determina pesos, ênfases em certos elementos visuais para estabelecer algum direcionamento do olhar e da leitura a ser praticada pelo público/usuário. Trata-se de um momento preponderante e definidor que convida o auditório a se aproximar, apreender e absorver o conteúdo da mensagem propalada para fins de convencimento.

28 O PROCESSO RETÓRICO: Invenção – a descoberta de argumentos plausíveis e de material de apoio relevante para a situação; Disposição – a organização dos argumentos, fase em que também foi chamada de *disegno* durante a Renascença; Elocução – adequação da linguagem apropriada para o argumento, incluindo o uso das figuras de linguagem, considerando o seguinte critério: apropriação, correção, compreensibilidade e adorno (ornamento); Memória – entendimento e memorização do que vai ser apresentado; Ação – controle da voz e do corpo para defender os argumentos./O PROCESSO DO DESIGN: Invenção: pesquisa, desenvolvimento de um conceito; Disposição: organização e planejamento de leiautes; Elocução: escolhas estilísticas, visualização do conceito; Memória – habilidade e decisões voltadas à apresentação; Ação: execução e escolha da mídia (tradução livre dos autores).

Os produtos concebidos pela ação do Design Gráfico assumem os tipos de argumentação (de ligação e/ou de dissociação) propostos pela Nova Retórica de Perelman. Em largo uso, esses argumentos podem se misturar, contaminando-se nas peças gráficas.

As combinações de estruturas imagéticas – características do Design Gráfico – forjam uma retoricidade manifesta em graus de persuasão, de argumentação, de apelo, de figuralidade, além das influências do *etos*, do *patos* e do *logos*. Todos esses graus, estabelecidos e estruturados por um contexto ideológico, fundamentam-se em características sociais, econômicas e culturais do público/usuário.

O Design Gráfico permite ao emissor do discurso externar uma **garantia** de credibilidade, um *etos*, e proporciona à mensagem uma ação eficiente, uma implicação positiva. Esse *etos*, ao despertar sentimentos e emoções, procura prover o *patos*, ou seja, lograr efeitos persuasivos na recepção do público/usuário, pela percepção que pode experimentar. A mensagem, suscetível de uma ordenação projetual, em que são estabelecidos conceitos, objetivos, metodologia, estrutura e aspectos formais do produto (semânticos, sintáticos e pragmáticos), corporifica os argumentos lógicos como prova de sua validade, evidenciando a presença do *logos*. Dessa forma, os produtos gerados visam, por uma ação do *logos*, emanar um *etos* para lograr o *patos* de um público/usuário pela Retórica do Design Gráfico.

No Design Gráfico, a elaboração das figuras de retórica voltadas à argumentação adjudica, por meio da **elocução** do discurso, ao entendimento do nível conotativo aquilo que Umberto Eco (1976, p. 77) chamou de inexpectatividade regulada, para forjar-lhe um cunho ideológico.

O Design Gráfico, ao ser enquadrado nos âmbitos da argumentação preconizados por Perelman, coloca-se em linha com uma Retórica renovada. Coloca-se, linguagem que é, como instrumento ideológico, defensor de teses que, por meio de premissas, apresenta provas a serem postas pelo orador [o produto do Design] ao julgamento do auditório [o usuário – público-alvo].

A ação das técnicas discursivas provoca ou aumenta a **adesão** de um público/usuário às teses que lhe são apresentadas por um designer. No momento da concepção projetual, o designer seleciona os pontos de partida da argumentação ao buscar acordos para premissas de teses já aceitas e constrói o discurso utilizando dados de escolha, presença e comunhão que dão corpo a técnicas argumentativas, permeando todos os níveis de figuralidade que impingem nuances conotativas e que promovem a originalidade do discurso balizado sob os auspícios da Retórica.

O projeto do Design Gráfico toma a persuasão creditada à Retórica por Aristóteles quando trabalha com o que é verdade ou que, pelo menos, pareça ser verdade. Aplica as teorias da argumentação acrescentadas por Perelman transmutadas em discurso de racionalidade e pluralismo. Considera a face significante da ideologia desvendada por Barthes. A Retórica do Design Gráfico credencia quaisquer discursos construídos às mais variadas formas de originalidade.

Referências bibliográficas

ABC DA ADG: Glossário de termos e verbetes utilizados em Design Gráfico. São Paulo: Associação dos Designers Gráficos (ADG), 1998.

ABREU, Antônio Suárez. *A arte de argumentar*: gerenciando razão e emoção. 8. ed. Cotia: Ateliê Editorial, 2005.

ALMEIDA JUNIOR, Licinio Nascimento. Vera Lúcia Moreira dos Santos (orientadora). *Conjecturas para uma Retórica do Design [Gráfico]*. 2009. 2 v. Tese de Doutorado – Departamento de Artes e Design, Pontifícia Universidade Católica do Rio de Janeiro, Rio de Janeiro, 2009.

ARISTÓTELES [384-322 a.C.]. *Retórica*. 2. ed., revista. [Obras completas de Aristóteles. Coordenação: António Pedro Mesquita. Lisboa: Centro de Filosofia da Universidade de Lisboa, Imprensa Nacional-Casa da Moeda, 2005.

ARISTÓTELES [384-322 a.C.]. *Poética; Organon; Política; Constituição de Atenas*. Coleção Os Pensadores. Coordenação editorial: Janice Florido. Tradução: Baby Abrão, Pinharanda Gomes e Therezinha Monteiro Deutsch. São Paulo: Editora Nova Cultural, 2004.

AUMONT, Jacques. *A imagem*. 7. ed. Campinas, SP: Papirus, 2002.

BARTHES, Roland. *O óbvio e o obtuso*: ensaios críticos III. Rio de Janeiro: Nova Fronteira, 1990.

BARTHES, Roland. A Retórica Antiga. In: COHEN, Jean et al. Pesquisas de retórica. Petrópolis: Vozes, 1975. p. 147-221.

CHALHUB, Samira. *Funções da linguagem*. 11. ed. São Paulo: Ática, 2003.

CHARAUDEAU, Patrick. *Discursos das mídias*. São Paulo: Contexto, 2006.

CHARAUDEAU, Patrick; MAINGUENEAU, Dominique. *Dicionário de análise do discurso*. 2. ed. São Paulo: Contexto, 2006.

CONSULTA DE RESULTADOS ELEITORAIS. Justiça Eleitoral. Eleições 2006. Última atualização em: 30/06/2008. In: Tribunal Superior Eleitoral (TSE). Disponível em: <http://www.tse.gov.br/internet/eleicoes/2006/result_blank.htm>. Acesso em: 22 dez. 2008.

DAYOUB, Khazzoun Mirched. *A ordem das idéias*: palavra, imagem e persuasão: a retórica. Barueri: Manole, 2004.

ECO, Umberto. Metáfora. In: ECO, Umberto et. al. *Signo* – Enciclopédia Einaudi 31. Lisboa: Casa da Moeda, 1994. p. 200-245.

ECO, Umberto. *A estrutura ausente*. 3. ed. São Paulo: Editora Perspectiva, 1976.

ESPECIAL – BRASIL. A nota dele foi 5,2. In: *Época*, n. 433. 1 set. 2006. Disponível em: <http://revistaepoca.globo.com/Revista/Epoca/1,EDG75240-6009,00.html>. Acesso em: 28 jun.2008.

FERRARA, Lucrécia D'Alessio. *Design em espaços*. São Paulo: Rosari, 2002.

FERRARA, Lucrécia D'Alessio. Epistemologia da Comunicação: além do sujeito e aquém do objeto. In: LOPES, Maria Immacolata Vassalo de (org.). Epistemologia da Comunicação. São Paulo: Loyola, 2003, p. 55-67.

FIORIN, José Luiz; PLATÃO, Francisco. *Lições de texto*: leitura e redação. 3. ed. São Paulo: Ática, 1998.

FONSECA, Joaquim da. *Tipografia & design gráfico*: design e produção gráfica de impressos e livros. Porto Alegre: Bookman, 2008.

JAPIASSU, Hilton; MARCONDES, Danilo. *Dicionário básico de Filosofia*. 3. ed. rev. e ampliada. Rio de Janeiro: Jorge Zahar Editor, 1996.

JAKOBSON, Roman. *Lingüística e Comunicação*. 21 ed. São Paulo: Cultrix, 2005.

JOLY, Martine. *Introdução à análise da imagem*. 6 ed. Campinas, SP: Papirus, 2003.

KONDER, Leandro. *O que é dialética*. 28. ed. São Paulo: Brasiliense, 2006.

KONDER, Leandro. *A questão da ideologia*. São Paulo: Companhia das Letras, 2002.

LEACH, Joan. Análise Retórica. In: BAUER, Martin W.; GASKELL, George (editores). *Pesquisa qualitativa com texto, imagem e som*: um manual prático. 3. ed. Petrópolis, RJ: Vozes, 2004. p. 293-318.

LUPTON, Ellen; EHSES, Hanno. *Rethorical handbook*: An Illustrated Manual for Graphic Designers. In: Design Papers 5. Canada: Published by Design Division Nova Scotia College of Art Design, 1988.

LUPTON, Ellen. De volta à Bauhaus. In: LUPTON, Ellen; PHILLIPS, Jennifer Cole. *Novos fundamentos do design*. São Paulo: Cosac Naify, 2008. p. 8-9.

MANELI, Mieczyslaw. *A nova retórica de Perelman*: filosofia e metodologia para o século XXI. Barueri: Manole, 2004.

MEYER, Bernard. *A arte de argumentar*: com exercícios corrigidos. São Paulo: WMF Martins Fontes, 2008.

NIETZSCHE, Friedrich [1844-1900]. *Da retórica*. Lisboa: Vega/Passagens, 1995.

NOJIMA, Vera Lucia. Os estudos das linguagens como apoio aos processos metodológicos do Design. In: COELHO, Luiz Antonio L. (Org.). *Design*: método. Teresópolis & Rio de Janeiro: Novas Idéias & PUC-Rio, 2006, p. 123-134.

OLIVEIRA, Marina. *Produção gráfica para designers*. Rio de Janeiro: 2AB, 2000.

PERELMAN, Chaïm. *Retóricas*. São Paulo: Martins Fontes, 1997.

PERELMAN, Chaïm; OLBRECHTS-TYTECA, Lucie. *Tratado da argumentação*: a nova retórica. 2. ed. São Paulo: Martins Fontes, 2005 [1958].

RABAÇA, Carlos Alberto; BARBOSA, Gustavo Guimarães. *Dicionário de comunicação*. 2. ed. rev. e atualizada. Rio de Janeiro: Campus, 2001.

REBOUL, Olivier. *Introdução à retórica*. São Paulo: Martins Fontes, 2004.

RICOEUR, Paul. *A metáfora viva*. 2. ed. São Paulo: Edições Loyola, 2005.

SILVA, Rafael Souza. *Diagramação*: o planejamento visual gráfico na comunicação impressa. [Novas buscas em comunicação; v. 7]. São Paulo: Summus, 1985.

TRAUMANN, Thomas. Os próximos quatro anos. *Época*. n. 442, 6 nov. 2006. Seção Brasil, p. 28-34.

TRINGALI, Dante. *Introdução à retórica*: a retórica como crítica literária. São Paulo: Duas Cidades, 1988.